VAIŚEṢIKASŪTRA OF KAṆĀDA WITH THE COMMENTARY OF CANDRĀNANDA

本书根据 Muni Śrī Jambūvijayajī 的梵文精校本译出月喜撰《胜论经》注疏全文（含所引《胜论经》），同时为了方便对照研读，根据 Nandalal Sinha 的校译本所载梵文译出商羯罗·弥施洛著《补注》中的《胜论经》经文。

Muni Śrī Jambūvijayajī, critically edited, Baroda: Oriental Institute, 1961

THE VAIŚEṢIKA SŪTRAS OF KAṆĀDA
(WITH THE COMMENTARY OF ŚAṆKARA MIŚRA AND EXTRACTS FROM THE GLOSS OF JAYANĀRĀYAṆA, TOGETHER WITH NOTES FROM THE COMMENTARY OF CHANDRAKĀNTA AND AN INTRODUCTION BY THE TRANSLATOR)

Nandalal Sinha, translated, Allahabad: Pāṇini Office, 1923

中外哲学典籍大全

外国哲学典籍卷

学术委员会

主　任　汝　信

委　员（按姓氏笔画排序）

马寅卯　王　齐　王　颂　冯　俊　冯颜利　江　怡　孙向晨
孙周兴　李文堂　李　河　张志伟　陈小文　赵汀阳　倪梁康
黄裕生　韩水法　韩　震　詹文杰

编辑委员会

主　任　马寅卯

委　员（按姓氏笔画排序）

邓　定　冯嘉荟　吕　超　汤明洁　孙　飞　李　剑　李婷婷
吴清原　佘瑞丹　冷雪涵　张天一　张桂娜　陈德中　赵　猛
韩　骁　詹文杰　熊至立　魏　伟

中外哲学典籍大全

总　　序

《中外哲学典籍大全》的编纂，是一项既有时代价值又有历史意义的重大工程。

中华民族经过了近一百八十年的艰苦奋斗，迎来了中国近代以来最好的发展时期，迎来了奋力实现中华民族伟大复兴的时期。中华民族只有总结古今中外的一切思想成就，才能并肩世界历史发展的大势。为此，我们须要编纂一部汇集中外古今哲学典籍的经典集成，为中华民族的伟大复兴、为人类命运共同体的建设、为人类社会的进步，提供哲学思想的精粹。

哲学是思想的花朵、文明的灵魂、精神的王冠。一个国家、民族，要兴旺发达，拥有光明的未来，就必须拥有精深的理论思维，拥有自己的哲学。哲学是推动社会变革和发展的理论力量，是激发人的精神砥石。哲学能够解放思想，净化心灵，照亮人类前行的道路。伟大的时代需要精邃的哲学。

一　哲学是智慧之学

哲学是什么？这既是一个古老的问题，又是哲学永恒的话题。追问“哲学是什么”，本身就是“哲学”问题。从哲学成为思维的那一天起，哲学家们就在不停的追问中发展、丰富哲学的篇章，给出一张又一张答卷。每个时代的哲学家对这个问题都有自己的诠释。哲学是什么，是悬在人类智慧面前的永恒之问，这正是哲学之为哲学的基本特点。

哲学是全部世界的观念形态、精神本质。人类面临的共同问题，是哲学研究的根本对象。本体论、认识论、世界观、人生观、价值观、实践论、方法论等，仍是哲学的基本问题，是哲学的生命力所在！哲学研究的是世界万物的根本性、本质性问题。人们已经对哲学作出许多具体定义，但我们可以尝试再用“遮诠”的方式描述哲学的一些特点，从而使人们加深对“何为哲学”的认识。

哲学不是玄虚之观。哲学来自人类实践，关乎人生。哲学对现实存在的一切追根究底、“打破砂锅问到底”。它不仅是问“是什么（being）”，而且主要是追问“为什么（why）”，特别是追问“为什么的为什么”。它关注整个宇宙，关注整个人类的命运，关注人生。它关心柴米油盐酱醋茶和人的生命的关系，关心人工智能对人类社会的挑战。哲学是对一切实践经验的理论升华，它关心具体现象背后的根据，关心“人类如何会更好”。

哲学是在根本层面上追问自然、社会和人本身，以彻底的态度反思已有的观念和认识，从价值理想出发把握生活的目标和历史的趋势，从而展示了人类理性思维的高度，凝结了民族进步的智慧，寄托了人们热爱光明、追求真善美的情怀。道不远人，人能弘道。哲学是把握世界、洞悉未来的学问，是思想解放与自由的大门！

古希腊的哲学家们被称为“望天者”。亚里士多德在《形而上学》一书中说："最初人们通过好奇—惊赞来做哲学。"如果说知识源于好奇的话，那么产生哲学的好奇心，必须是大好奇心。这种"大好奇心"只为一件"大事因缘"而来。所谓"大事"，就是天地之间一切事物的"为什么"。哲学精神，是"家事、国事、天下事，事事要问"，是一种永远追问的精神。

哲学不只是思想。哲学将思维本身作为自己的研究对象之一，对思想本身进行反思。哲学不是一般的知识体系，而是把知识概念作为研究的对象，追问"什么才是知识的真正来源和根据"。哲学的"非对象性"的思维方式，不是"纯形式"的推论原则，而有其"非对象性"之对象。哲学不断追求真理，是认识的精粹，是一个理论与实践兼而有之的过程。哲学追求真理的过程本身就显现了哲学的本质。天地之浩瀚，变化之奥妙，正是哲思的玄妙之处。

哲学不是宣示绝对性的教义教条，哲学反对一切形式的绝对。哲学解放束缚，意味着从一切思想教条中解放人类自身。哲学给了我们彻底反思过去的思想自由，给了我们深刻洞察未来的思想能力。哲学就是解放之学，是圣火和利剑。

哲学不是一般的知识。哲学追求"大智慧"。佛教讲"转识成智"，"识"与"智"之间的关系相当于知识与哲学的关系。一般知识是依据于具体认识对象而来的、有所依有所待的"识"，而哲学则是超越于具体对象之上的"智"。

公元前六世纪，中国的老子说："大方无隅，大器晚成，大音希声，大象无形，道隐无名。夫唯道，善贷且成。"又说："反者道之动，弱者道之用。天下万物生于有，有生于无。"对"道"的追求就是对有之为有、无形无名的探究，就是对"天地何以如此"的探究。这种追求，使得哲学具有了天地之大用，具有了超越有形有名之有限经验的大智慧。这种大智慧、大用途，超越一切限制的篱笆，具有趋向无限的解放能力。

哲学不是经验科学，但又与经验有联系。哲学从其诞生之日起，就包含于科学形态之中，是以科学形态出现的。哲学是以理性的方式、概念的方式、论证的方式来思考宇宙与人生的根本问题。在亚里士多德那里，凡是研究"实体（ousia）"的学问，都叫作"哲学"。而"第一实体"则是存在者中的"第一个"。研究"第一实体"的学问被称为"神学"，也就是"形而上学"，这正是后世所谓"哲学"。一般意义上的科学正是从"哲学"最初的意义上赢得自己最原初的规定性的。哲学虽然不是经验科学，却为科学划定了意义的范围，指明了方向。哲学最后必定指向宇宙、人生的根本问题，大科学家的工作在深层意义上总是具有哲学的意味，牛顿和爱因斯坦就是这样的典范。

哲学既不是自然科学，也不是文学、艺术，但在自然科学的前头，哲学的道路展现了；在文学、艺术的山顶，哲学的天梯出现了。哲学不断地激发人的探索和创造精神，使人在认识世界的过程中不断达到新境界，在改造世界的过程中从必然王国到达自由王国。

哲学不断从最根本的问题再次出发。哲学史在一定意义上就是不断重构新的世界观、认识人类自身的历史。哲学的历史呈现，正是对哲学的创造本性的最好说明。哲学史上每一个哲学家对根本问题的思考，都在为哲学添加新思维、新向度，犹如为天籁山上不断增添一只只黄鹂、翠鸟。

如果说哲学是哲学史的连续展现中所具有的统一性特征，那么这种“一”是在“多”个哲学的创造中实现的。如果说每一种哲学体系都追求一种体系性的“一”的话，那么每种“一”的体系之间都存在着千丝相联、多方组合的关系。这正是哲学史昭示于我们的哲学之多样性的意义。多样性与统一性的依存关系，正是哲学寻求现象与本质、具体与普遍相统一的辩证之意义。

哲学的追求是人类精神的自然趋向，是精神自由的花朵。哲学是思想的自由，是自由的思想。

中国哲学是中华民族五千年文明传统中最为内在、最为深刻、最为持久的精神追求和价值观表达。中国哲学已经化为中国人的思维方式、生活态度、道德准则、人生追求、精神境界。中国人的科学技术、伦理道德、小家大国、中医药学、诗歌文学、绘画书法、武术拳法、乡规民俗，乃至日常生活都浸润着中国哲学的精神。华夏文明虽历经磨难而能够透魄醒神、坚韧屹立，正是来自于中国哲学深邃的思维和创造力。

先秦时代，老子、孔子、庄子、孙子、韩非子等诸子之间的百家争鸣，就是哲学精神在中国的展现，是中国人思想解放的第一次大爆发。两汉四百多年的思想和制度，是诸子百家思想在争鸣过程中大整合的结果。魏晋之际玄学的发生，则是儒道冲破各自藩篱、彼此互动互补的结果，形成了儒家独尊的态势。隋唐三百年，佛教深入中国文化，又一次带来了思想的大融合和大解放。禅宗的形成就是这一融合和解放的结果。两宋三百多年，中国哲学迎来了第三次大解放。儒释道三教之间的互润互持日趋深入，朱熹的理学和陆象山的心学，就是这一思想潮流的哲学结晶。

与古希腊哲学强调沉思和理论建构不同，中国哲学的旨趣在于实践人文关怀，它更关注实践的义理性意义。在中国哲学当中，知与行从未分离，有着深厚的实践观点和生活观点。伦理道德观是中国哲学的贡献。马克思说："全部社会生活在本质上是实践的。"实践的观点、生活的观点也正是马克思主义认识论的基本观点。这种哲学上的契合性，正是马克思主义能够在中国扎根并不断中国化的哲学原因。

"实事求是"是中国的一句古话，在今天已成为深邃的哲理，成为中国人的思维方式和行为基准。实事求是就是解放思想，解放思想就是实事求是。实事求是是毛泽东思想的精髓，是改革开放的基石。只有解放思想才能实事求是。实事求是就是中国人始终坚持的哲学思想。实事求是就是依靠自己，走自己的道路，反对一切绝对观念。所谓中国化就是一切从中国实际出发，一切理论必须符合中国实际。

二 哲学的多样性

实践是人的存在形式，是哲学之母。实践是思维的动力、源泉、价值、标准。人们认识世界、探索规律的根本目的是改造世界、完善自己。哲学问题的提出和回答都离不开实践。马克思有句名言："哲学家们只是用不同的方式解释世界，而问题在于改变世界。"理论只有成为人的精神智慧，才具有改变世界的力量。

哲学关心人类命运。时代的哲学，必定关心时代的命运。对时代命运的关心就是对人类实践和命运的关心。人在实践中产生的一切都具有现实性。哲学的实践性必定带来哲学的现实性。哲学的现实性就是强调人在不断回答实践中的各种问题时应该具有的态度。

哲学作为一门科学是现实的。哲学是一门回答并解释现实的学问；哲学是人们联系实际、面对现实的思想。可以说哲学是现实的最本质的理论，也是本质的最现实的理论。哲学始终追问现实的发展和变化。哲学存在于实践中，也必定在现实中发展。哲学的现实性要求我们直面实践本身。

哲学不是简单跟在实践后面，成为当下实践的“奴仆”，而是以特有的深邃方式，关注着实践的发展，提升人的实践水平，为社会实践提供理论支撑。从直接的、急功近利的要求出发来理解和从事哲学，无异于向哲学提出它本身不可能完成的任务。哲学是深沉的反思、厚重的智慧，是对事物的抽象、理论的把握。哲学是人类把握世界最深邃的理论思维。

哲学是立足人的学问，是人用于理解世界、把握世界、改造世界的智慧之学。“民之所好，好之，民之所惠，惠之。”哲学的目的是为了人。用哲学理解外在的世界，理解人本身，也是为了用哲学改造世界、改造人。哲学研究无禁区，无终无界，与宇宙同在，与人类同在。

存在是多样的，发展亦是多样的，这是客观世界的必然。宇宙万物本身是多样的存在，多样的变化。历史表明，每一民族的文化都有其独特的价值。文化的多样性是自然律，是动力，是生命力。各民族文化之间的相互借鉴、补充浸染，共同推动着人类社会的发展和繁荣，这是规律。对象的多样性、复杂性，决定了哲学的多样性；即使对同一事物，人们也会产生不同的哲学认识，形成不同的哲学派别。哲学观点、思潮、流派及其表现形式上的区别，来自于哲学的时代性、地域性和民族性的差异。世界哲学是不同民族的哲学的荟萃。多样性构成了世界，百花齐放形成了花园。不同的民族会有不同风格的哲学。恰恰是哲学的民族性，使不同的哲学都可以在世界舞台上演绎出各种“戏剧”。不同民族即使有相似的哲学观点，在实践中的表达和运用也会各有特色。

人类的实践是多方面的，具有多样性、发展性，大体可以分为：改造自然界的实践、改造人类社会的实践、完善人本身的实践、提升人的精神世界的精神活动。人是实践中的人，实践是人的生命的第一属性。实践的社会性决定了哲学的社会性，哲学不是脱离社会现实生活的某种遐想，而是社会现实生活的观念形态，是文明进步的重要标志，是人的发展水平的重要维度。哲学的发展状况，反映着一个社会人的理性成熟程度，反映着这个社会的文明程度。

哲学史实质上是对自然史、社会史、人的发展史和人类思维史的总结和概括。自然界是多样的，社会是多样的，人类思维是多样的。所谓哲学的多样性，就是哲学基本观念、理论学说、方法的异同，是哲学思维方式上的多姿多彩。哲学的多样性是哲学的常态，是哲学进步、发展和繁荣的标志。哲学是人的哲学，哲学是人对事物的自觉，是人对外界和自我认识的学问，也是人把握世界和自我的学问。哲学的多样性，是哲学的常态和必然，是哲学发展和繁荣的内在动力。一般是普遍性，特色也是普遍性。从单一性到多样性，从简单性到复杂性，是哲学思维的一大变革。用一种哲学话语和方法否定另一种哲学话语和方法，这本身就不是哲学的态度。

多样性并不否定共同性、统一性、普遍性。物质和精神、存在和意识，一切事物都是在运动、变化中的，是哲学的基本问题，也是我们的基本哲学观点！

当今的世界如此纷繁复杂，哲学多样性就是世界多样性的反映。哲学是以观念形态表现出的现实世界。哲学的多样性，就是文明多样性和人类历史发展多样性的表达。多样性是宇宙之道。

哲学的实践性、多样性还体现在哲学的时代性上。哲学总是特定时代精神的精华，是一定历史条件下人的反思活动的理论形态。在不同的时代，哲学具有不同的内容和形式。哲学的多样性，也是历史时代多样性的表达，让我们能够更科学地理解不同历史时代，更为内在地理解历史发展的道理。多样性是历史之道。

哲学之所以能发挥解放思想的作用，原因就在于它始终关注实践，关注现实的发展；在于它始终关注着科学技术的进步。哲学本身没有绝对空间，没有自在的世界，只能是客观世界的映象、观念的形态。没有了现实性，哲学就远离人，远离了存在。哲学的实践性说到底是在说明哲学本质上是人的哲学，是人的思维，是为了人的科学！哲学的实践性、多样性告诉我们，哲学必须百花齐放、百家争鸣。哲学的发展首先要解放自己，解放哲学，也就是实现思维、观念及范式的变革。人类发展也必须多途并进、交流互鉴、共同繁荣。采百花之粉，才能酿天下之蜜。

三　哲学与当代中国

中国自古以来就有思辨的传统，中国思想史上的百家争鸣就是哲学繁荣的史象。哲学是历史发展的号角。中国思想文化的每一次大跃升，都是哲学解放的结果。中国古代贤哲的思想传承至今，他们的智慧已浸入中国人的精神境界和生命情怀。

中国共产党人历来重视哲学。1938 年，毛泽东同志在抗日战争最困难的时期，在延安研究哲学，创作了《实践论》和《矛盾论》，推动了中国革命的思想解放，成为中国人民的精神力量。

中华民族的伟大复兴必将迎来中国哲学的新发展。当代中国必须要有自己的哲学，当代中国的哲学必须要从根本上讲清楚中国道路的哲学内涵。中华民族的伟大复兴必须要有哲学的思维，必须要有不断深入的反思。发展的道路就是哲思的道路；文化的自信就是哲学思维的自信。哲学是引领者，可谓永恒的“北斗”，哲学是时代的“火焰”，是时代最精致最深刻的“光芒”。从社会变革的意义上说，任何一次巨大的社会变革，总是以理论思维为先导。理论的变革总是以思想观念的空前解放为前提，而“吹响”人类思想解放第一声“号角”的，往往就是代表时代精神精华的哲学。社会实践对于哲学的需求可谓“迫不及待”，因为哲学总是“吹响”新的时代的“号角”。“吹响”中国改革开放之“号角”的，正是“解放思想”“实践是检验真理的唯一标准”“不改革死路一条”等哲学观念。“吹响”新时代“号角”的是“中国梦”“人民对美好生活的向往，就是我们奋斗的目标”。发展是人类社会永恒的动力，变革是社会解放的永恒的课题，思想解放、解放思想是无尽的哲思。中国正走在理论和实践的双重探索之路上，搞探索没有哲学不成！

中国哲学的新发展，必须反映中国与世界最新的实践成果，必须反映科学的最新成果，必须具有走向未来的思想力量。今天的中国人所面临的历史时代，是史无前例的。14 亿人齐步迈向现代化，这是怎样的一幅历史画卷！是何等壮丽、令人震撼！不仅中国亘古未有，在世界历史上也从未有过。当今中国需要的哲学，是结合天道、地理、人德的哲学，是整合古今中外的哲学，只有这样的哲学才是中华民族伟大复兴的哲学。

当今中国需要的哲学，必须是适合中国的哲学。无论古今中外，再好的东西，也需要经过再吸收、再消化，经过现代化、中国化，才能成为今天中国自己的哲学。哲学的目的是解放人，哲学自身的发展也是一次思想解放，也是人的一次思维升华、羽化的过程。中国人的思想解放，总是随着历史不断进行的。历史有多长，思想解放的道路就有多长；发展进步是永恒的，思想解放也是永无止境的；思想解放就是哲学的解放。

习近平同志在 2013 年 8 月 19 日重要讲话中指出，思想工作就是“引导人们更加全面客观地认识当代中国、看待外部世界”。这就需要我们确立一种“知己知彼”的知识态度和理论立场，而哲学则是对文明价值核心最精炼和最集中的深邃性表达，有助于我们认识中国、认识世界。立足中国、认识中国，需要我们审视我们走过的道路；立足中国、认识世界，需要我们观察和借鉴世界历史上的不同文化。中国“独特的文化传统”、中国“独特的历史命运”、中国“独特的基本国情”，决定了我们必然要走适合自己特点的发展道路。一切现实的、存在的社会制度，其形态都是具体的，都是特色的，都必须是符合本国实际的。抽象的或所谓“普世”的制度是不存在的。同时，我们要全面、客观地“看待外部世界”。研究古今中外的哲学，是中国认识世界、认识人类史、认识自己未来发展的必修课。今天中国的发展不仅要读中国书，还要读世界书。不仅要学习自然科学、社会科学的经典，更要学习哲学的经典。当前，中国正走在实现“中国梦”的“长征”路上，这也正是一条思想不断解放的道路！要回答中国的问题，解释中国的发展，首先需要哲学思维本身的解放。哲学的发展，就是哲学的解放，这是由哲学的实践性、时代性所决定的。哲学无禁区、无疆界。哲学关乎宇宙之精神，关乎人类之思想。哲学将与宇宙、人类同在。

四 哲学典籍

《中外哲学典籍大全》的编纂，是要让中国人能研究中外哲学经典，吸收人类思想的精华；是要提升我们的思维，让中国人的思想更加理性、更加科学、更加智慧。

中国有盛世修典的传统，如中国古代的多部典籍类书（如《永乐大典》《四库全书》等）。在新时代编纂《中外哲学典籍大全》，是我们的历史使命，是民族复兴的重大思想工程。

只有学习和借鉴人类思想的成就，才能实现我们自己的发展，走向未来。《中外哲学典籍大全》的编纂，就是在思维层面上，在智慧境界中，继承自己的精神文明，学习世界优秀文化。这是我们的必修课。

不同文化之间的交流、合作和友谊，必须在哲学层面上获得相互认同和借鉴。哲学之间的对话和倾听，才是从心到心的交流。《中外哲学典籍大全》的编纂，就是在搭建心心相通的桥梁。

我们编纂的这套哲学典籍大全包括四个方面的内容：一是中国哲学，整理中国历史上的思想典籍，浓缩中国思想史上的精华；

二是外国哲学，主要是西方哲学，以吸收、借鉴人类发展的优秀哲学成果；三是马克思主义哲学，展示马克思主义哲学中国化的成就；四是中国近现代以来的哲学成果，特别是马克思主义在中国的发展。

编纂《中外哲学典籍大全》，是中国哲学界早有的心愿，也是哲学界的一份奉献。《中外哲学典籍大全》总结的是经典中的思想，是先哲们的思维，是前人的足迹。我们希望把它们奉献给后来人，使他们能够站在前人的肩膀上，站在历史岸边看待自身。

《中外哲学典籍大全》的编纂，是以"知以藏往"的方式实现"神以知来"；《中外哲学典籍大全》的编纂，是通过对中外哲学历史的"原始反终"，从人类共同面临的根本大问题出发，在哲学生生不息的道路上，彩绘出人类文明进步的盛德大业！

发展的中国，既是一个政治、经济大国，也是一个文化大国，也必将是一个哲学大国、思想王国。人类的精神文明成果是不分国界的，哲学的边界是实践，实践的永恒性是哲学的永续线性，敞开胸怀拥抱人类文明成就，是一个民族和国家自强自立，始终伫立于人类文明潮流的根本条件。

拥抱世界、拥抱未来、走向复兴，构建中国人的世界观、人生观、价值观、方法论，这是中国人的视野、情怀，也是中国哲学家的愿望！

李铁映

二〇一八年八月

关于外国哲学

——“外国哲学典籍卷”弁言

李铁映

有人类，有人类的活动，就有文化，就有思维，就有哲学。哲学是人类文明的精华。文化是人的实践的精神形态。

人类初蒙，问天究地，思来想去，就是萌味之初的哲学思考。

文明之初，如埃及法老的文化；两河流域的西亚文明；印度的吠陀时代，都有哲学的意蕴。

欧洲古希腊古罗马文明等，拉丁美洲的印第安文明，玛雅文化，都是哲学的初萌。

文化即一般存在，而哲学是文化的灵魂。文化是哲学的基础，社会存在。文化不等同于哲学，但没有文化的哲学，是空中楼阁。哲学产生于人类的生产、生活，概言之，即产生于人类的实践。是人类对自然、社会、人身体、人的精神的认识。

但历史的悲剧，发生在许多文明的消失。文化的灭绝是人类最大的痛疚。

只有自己的经验，才是最真实的。只有自己的道路才是最好的路。自己的路，是自己走出来的。世界各个民族在自己的历史上，也在不断的探索自己的路，形成自己生存、发展的哲学。

知行是合一的。知来自于行，哲学打开了人的天聪，睁开了眼睛。

欧洲哲学，作为学术对人类的发展曾作出过大贡献，启迪了人们的思想。特别是在自然科学、经济学、医学、文化等方面的哲学，达到了当时人类认识的高峰。欧洲哲学是欧洲历史的产物，是欧洲人对物质、精神的探究。欧洲哲学也吸收了世界各民族的思想。它对哲学的研究，对世界的影响，特别是在思维观念、语意思维的层面，构成了新认知。

历史上，有许多智者，研究世界、自然和人本身。人类社会产生许多观念，解读世界，解释人的认识和思维，形成了一些哲学的流派。这些思想对人类思维和文化的发展，有重大作用，是人类进步的力量。但不能把哲学仅看成是一些学者的论说。哲学最根本的智慧来源于人类的实践，来源于人类的生产和生活。任何学说的真价值都是由人的实践为判据的。

哲学研究的是物质和精神，存在和思维，宇宙和人世间的诸多问题。可以说一切涉及人类、人本身和自然的深邃的问题，都是哲学的对象。哲学是人的思维，是为人服务的。

资本主义社会，就是资本控制的社会。资本主义社会的文化、哲学，有着浓厚的铜臭。

有什么样的人类社会，就会有什么样的哲学，不足为怪。应深思“为什么?”“为什么的为什么?”这就是哲学之问，是哲学发展的自然律。哲学尚回答不了的问题，正是哲学发展之时。

哲学研究人类社会，当然有意识形态性质。哲学产生于一定社会，当然要为它服务。人类的历史，长期是阶级斗争的历史，而哲学作为上层建筑，是意识形态。阶级斗争的意识，深刻影响着意识形态，哲学也如此。为了殖民、压迫、剥削……社会的资本化，文化也随之资本化。许多人性的、精神扭曲的东西通过文化也资本化。如色情业、毒品业、枪支业、黑社会、政治献金，各种资本的社会形态成了资本社会的基石。这些社会、人性的变态，逐渐社会化、合法化，使人性变得都扭曲、丑恶。社会资本化、文化资本化、人性的资本化，精神、哲学成了资本的外衣。真的、美的、好的何在?！令人战栗!!

哲学的光芒也腐败了，失其真！资本的洪水冲刷之后的大地苍茫……

人类社会不是一片净土，是有污浊渣滓的，一切发展、进步都要排放自身不需要的垃圾，社会发展也如此。进步和发展是要逐步剔除这些污泥浊水。但资本揭开了魔窟，打开了潘多拉魔盒，呜呜！这些哲学也必然带有其诈骗、愚昧人民之魔术。

外国哲学正是这些国家、民族对自己的存在、未来的思考，是他们自己的生产、生活的实践的意识。

哲学不是天条，不是绝对的化身。没有人，没有人的实践，哪来人的哲学？归根结底，哲学是人类社会的产物。

哲学的功能在于解放人的思想，哲学能够使人从桎梏中解放出来，找到自己的自信的生存之道。

欧洲哲学的特点，是欧洲历史文化的结节，它的一个特点，是与神学粘联在一起，与宗教有着深厚的渊源。它的另一个特点是私有制、个人主义。使人际之间关系冷漠，资本主义的殖民主义，对世界的奴役、暴力、战争，和这种哲学密切相关。

马克思恩格斯突破了欧洲资本主义哲学，突破了欧洲哲学的神学框架，批判了欧洲哲学的私有制个人主义体系，举起了历史唯物主义，唯物辩证法的大旗，解放了全人类的头脑。人类从此知道了自己的历史，看到了未来光明。社会主义兴起，殖民主义解体，被压迫人民的解放斗争，正是马哲的力量。没有马哲对西方哲学的批判，就没有今天的世界。

二十一世纪将是哲学大发展的世纪，是人类解放的世纪，是人类走向新的辉煌的世纪。不仅是霸权主义的崩塌，更是资本主义的存亡之际，人类共同体的哲学必将兴起。

哲学解放了人类，人类必将创造辉煌的新时代，创造新时代的哲学。英特纳雄耐尔就一定会实现，这就是哲学的力量。未来属于人民，人民万岁！

胜论经

目　　录

体例说明

一、梵文本无章节标题，全部章节标题均为译者所加，下同。

二、黑体字（如 1. **造论缘起**）为科判用分段小标题，下同，均为译者根据月喜的注疏概括大意后所加，便于理解原著的论述结构。

三、VS-C 表示月喜所引的《胜论经》，其后数字表示《胜论经》经文编号，经文用加粗字体突出显示。如 VS-C.1.1.1 即月喜所引《胜论经》的第一章第一节第一句经文；第八、九、十章无小节区分，如 VS-C.8.1 表示月喜所引《胜论经》的第八章第一句经文；各句经文编号以此类推，方便检索查询。VS-U 表示商羯罗・弥施洛所引《胜论经》，其后数字表经文编号，经文用加粗字体突出显示，如 VS-U.1.1.1 即商羯罗・弥施洛所引《胜论经》的第一章第一节第一句经文。如上两种版本的《胜论经》并列编排翻译的方式为译者所创。

四、由于商羯罗・弥施洛晚月喜约一千年，二人所引《胜论经》的内容与排序等颇多差异，为了直观地展现两版本经文的异同之处，译者以月喜所引《胜论经》为基准，调整了部分商羯罗・弥施洛所引《胜论经》的排列（原梵文经文编号不变）以相对应。如 VS-U.1.1.4 没有对应的 VS-C 经文，却与 VS-C.1.1.6—7 之间的疏文相对应，故把 VS-U.1.1.4 放在 VS-C.1.1.6—7 之间的疏文的脚注中进行解释；又如 VS-C.1.1.8—9 两句经文对应 VS-U.1.1.10 一句，就分别在 VS-C.1.1.8 和 VS-C.1.1.9 后重复列出了 VS-U.1.1.10；再如 VS-C.1.1.20 一句经文对应 VS-U.1.1.21—22 两句，就把两句一起列在了 VS-C.1.1.20 之下。

五、经文前后的内容是月喜的疏文。月喜的注疏大都在经文之后，即是对前一句经文的解释，如 VS-C.1.1.1 的疏文；也有“启下”式的疏文，即该注疏明显是为了引出新的内容或者转化话题等，译者特将带有“启下”作用或意义的内容归入下一句经文的疏文，如 VS-C.1.1.2 经文前的引言等。梵文原本的疏文与经文连成一体，可以看作是疏文分别罗列在各句经文之后，但不区分疏文之“承上”或“启下”的意义，容易产生对前后文的误解。

六、圆括号为译者所加。为了贯通文意补充添加的语法成分、教义思想等内容均用圆括号标明，以区别于梵文原本。

第一章　总论句义

第一节　法以及实体、运动、性质

1. 造论缘起

VS-C. 1.1.1 那么，由此，我们将解释法。

VS-U. 1.1.1 那么，由此，我们将解释法。

一位通过反复学习吠陀、去除了罪污的婆罗门，脑中闪现出“苦乐必不接触无身体者”这一吠陀圣言。①

思考此圣言②之后，他（婆罗门）就走近了食米斋仙。③

---

① 参见《歌者奥义书》(*Chāndogya* Up. 8.12.1)：摩伽凡啊，这个身体由死神掌控，必然死亡。但它是不实的、无身体的自我的居处。有身体者受苦乐爱憎控制。确实，有身体者不能摆脱苦乐爱憎。而苦乐爱憎不接触无身体者。（黄宝生译：《奥义书》，商务印书馆，2010年，第222—223页）。这句话可能是胜论派和正理派的经典中最常出现的一句“天启”（śruti）文，如 Vyo. 1.1.10, NK. 4.14, Kir. 8.4 都有引用，参见 Nozawa Masanobu, “The *Vaiśeṣikasūtra* with Candrānanda's Commentary (1)”, *Numazu Kōgyō Kōtō Senmon Gakkō Kenkyū Hōkoku* 27, 1993, p. 111。

② 圣言：vākya，又译“格言、真言、文（章）”等。印度哲学各派都有自己尊崇的“文”或“圣言”，一般来说，以吠檀多派分别出自四部吠陀的四句“摩诃真言”/“大圣言”（mahāvākya）最为有名：(1)“觉是梵”（prajñānaṃ brahma, *Aitareya* Up. 3.3, *Ṛgveda*），(2)“此我是梵”（ayam ātmā brahma, *Māṇḍukya* Up. 1.2, *Atharvaveda*），(3)“汝是彼”（tat tvam asi, *Chāndogya* Up. 6.8.7, *Sāmaveda*），(4)“我是梵”（aham brahmāsmi, *Bṛhadāraṇyaka* Up. 1.4.10, *Yajurveda*）。

③ 食米斋仙：Kaṇabhakṣa 的意译，是迦那陀的异名之一，参见本书“导言”部分。

然后，他问："薄伽梵！这圣言说明寂灭身体是（获得）安乐的手段，请开示（寂灭身体的）方法是什么？"

对此，牟尼（食米斋仙）回答："是法。"

于是，婆罗门问："法是什么？（法的）特性是什么？获得此（法）的方法是什么？目的是什么？此外，能够利益谁？"

这些提问之后，（牟尼/食米斋仙）承诺解释法。

"那么"一词的意思是：紧接着之后。

"由此"一词的意思是：以具足了作为弟子之品德的离欲、智慧、熟达议论等为依据。

因为这位（婆罗门）弟子圆满具足了品德，紧接着提问之后，我们将为其解释法。

2. 法的本质与特性

（问：）"法是什么？"回答：

VS-C. 1.1.2 由它可以成就生天和至福的就是法。

VS-U. 1.1.2 由它可以成就生天和至福的就是法。

就奶酪、鲜花等而成的崇拜天神等的祭祀仪礼来说，一旦（祭祀活动）结束，就不能再产生后来的果报。由此，产生生天和至福的原因被认为是法。

生天是在梵等的世界获得想要的身体，并且消除不幸。至福是我之无特殊性质为特征的解脱。①

---

① 我：ātman，即 VS-C. 1.1.4 中的"我"。VS-C. 3.2.4 列举我的特殊性质有"呼气、吸气、闭眼、睁眼、命、意活动、其他感官的变化、乐、苦、欲、瞋、内在努力"。"我"的解脱参见 VS-C. 5.2.20。

如果问：“法的这种特性如何被认识到？”“由圣典（而知）。”“为什么那（圣典）是权威？”回答：

VS-C. 1.1.3 因为是他（自在天）的启示，所以圣典是权威。

VS-U. 1.1.3 因为是他（自在天）的启示，所以圣典的权威是成立的。

“他”指“黄金胎”[①]，“他的精液是黄金”的意思，也就是所说的薄伽梵、大自在天。

因为可信赖之人所说的是充满真理性的，这里由于是可信赖的黄金胎所说的，所以圣典的权威被证明了。

此外，自在天（的存在）由推论证明：身体、世界等就像瓶等一样，因为是结果，所以具有觉智者是作者。[②]

已经说明了法的本质及其特性。现在，我们解释成就它的实体、性质、运动。[③]其中，

3. 实体

VS-C. 1.1.4 地、水、火、风、虚空、时间、方位、我、意，就是实体。

VS-U. 1.1.5 地、水、火、风、虚空、时间、方位、我、意，就是实体。

---

① 黄金胎：hiraṇyagarbha，一般认为是湿婆（Śiva）的化身或别名，这里指广义的吠陀作者（启示者），即薄伽梵、（大）自在天。

② 瓶由具有知性的陶工做成，陶工是作者（创造者）。“具有觉智者”即大自在天。

③ 实体、性质、运动：古代佛典常分别译为“实”“德”“业”。

实体是因为与实体性相结合。地是因为与地性相结合。

同样，水等的名称（是因为与水性等相结合）。

“就是”一词意为“实体只有九种，没有其他”。

如上解释的是实体。

4. 性质

“那么，性质是什么？”回答：

VS-C. 1.1.5 色、味、香、触、数、量、别体、合、离、远、近、觉、乐、苦、欲、瞋、内在努力等，是性质。[①]

VS-U. 1.1.6 色、味、香、触、数、量、别体、合、离、远、近、觉、乐、苦、欲、瞋、内在努力等，是性质。

这些依次阐释的色等十七种就是性质。

“等”一词作为集合包括了重性、流动性、黏着性、潜在动力、法、非法、声。[②] 这些将在后面适当的时机阐述。

---

① 别体：pṛthaktva，别异性、差异性。远、近、内在努力：古代佛典常分别译为“彼体”“此体”“勤勇”。

② 重性、流动性、粘着性、潜在动力：古代佛典常分别译为“重体”“液体”“润”“行”。《胜论经》经文虽然只列举了十七种性质，但在注释者月喜看来，性质还包括重性、流动性、黏着性、潜在动力、法、非法、声，共二十四种。《胜论经》没有明确把声（śabda）列入性质，但在很多地方表示声是一种特殊的性质，如 VS-C. 2.1.24—2.1.26。这二十四种性质后来成为胜论派句义论中有关性质种类的标准说法，如《摄句义法论》和《胜宗十句义论》也都例举了二十四种性质，且把法和非法统称为“不可见力”。《胜宗十句义论》：德句义云何？谓二十四德，名德句义。何者名为二十四德？一色，二味，三香，四触，五数，六量，七别体，八合，九离，十彼体，十一此体，十二觉，十三乐，十四苦，十五欲，十六瞋，十七勤勇，十八重体，十九液体，二十润，二十一行，二十二法，二十三非法，二十四声。如是为二十四德。（《大正藏》第 54 册，

5. 运动

“运动的特性是什么？”回答：

VS-C. 1.1.6 上升、下降、收缩、伸展、行进，就是运动。①

VS-U. 1.1.7 上升、下降、收缩、伸展、行进，就是运动。

应该知道运动只有这五种。

由“行进”一词，回旋、排出等就被包括了。

以上解释的是实体、性质、运动。

6. 六句义

与此相关的同、异、和合也将被解释。

如此，对六种句义的共性和异性②的正确认识，是由于看见对象的过错而生起离欲的时候，真正地获得至福之法的原因。这些也是获得升天之法的原因。③

（接上页）第 1263 页上。）此外，清辩的《思择焰 · 入抉择胜论之真实品》在转述胜论派的句义思想时，亦指出性质有二十四种，但在具体列举时只谈到了其中的十七种：德句义有二十四种德，即称为“色、味、香、触、数、量、别体、合、离、彼体、此体、觉、乐、苦、欲、瞋、勤勇”的是德。参见何欢欢：《〈中观心论〉及其古注〈思择焰〉研究》，中国社会科学出版社，2013，第 152—153 页。

① 上升、下降、收缩、伸展、行进：古代佛典常分别译为“取”“舍”“屈”“伸”“行”。

② 共性和异性：直译为“同法和异法”，下同。

③ 这两句话很有可能是 VS-U. 1.1.4 的雏形，或者说后来加入的 VS-U. 1.1.4 可以在这里找到相似的内容，VS-U. 1.1.4: dharmaviśeṣaprasūtād dravyaguṇakarmasāmānyaviśeṣasamavāyānāṃ padārthānāṃ sādharmyavaidharmyābhyāṃ tattvajñānān niḥśreyasam//[通过产生的特殊的法，即通过对实体、性质、运动、同、异、和合诸句义的共性与异性的真实认识（获得）至福]。此外，参见 PDhS. 6.14—15:

“应在平地祭祀”是关于地的。“应向下引水”等是关于其他各种实体的。另一方面，“应祭祀一头黑色的牲口”等则是关于性质的。此外，“应捣米”等是关于运动的。①

7. 实体、性质、运动的共性

认识到实体等的共性和异性是升天和至福的原因，所以首先解释共性：

VS-C. 1.1.7 存在、非恒常、有实体、果、因、有同异，是实体、性质、运动的共性。②

VS-U. 1.1.8 存在、非恒常、有实体、果、因、有同异，是实体、性质、运动的共性。

VS-U. 1.1.9 实体和性质两者的共性从同类产生。

“实体存在、性质存在、运动存在”，存在性是三者的共性。

同样，“非恒常性”（是三者的共性），虚空等除外。

“有实体”是具有和合因，是（三者的）共性，极微、虚空等除外。

“果性”是从不存在到存在，同样是（三者的）共性，恒常的

（接上页）dravyaguṇakarmasāmānyaviśeṣasamavāyānāṃ ṣaṇṇāṃ padārthānāṃ sādharmyavaidharmyatattvajñānaṃ niḥśreyasahetuḥ//[对实体、性质、运动、同、异、和合六种句义的共性与异性的真实认识是（获得）至福的原因]。另参见 C ad VS. 10.21。

① 这四句引文可能与吠陀祭祀有关，但正如伊萨克森指出的，除了“应捣米”作为一种吠陀祭祀亦被其他文献（如弥曼差派的《弥曼差正理光明》*Mīmāṃsānyāyaprakāśa*）引用外，其他几句引文都没有找到明确的出处。参见 Harunaga Isaacson, *Materials for the Study of the Vaiśeṣika System*, Rijksuniversiteit Leiden, 1995, pp. 185–186。

② 存在：sat，古汉佛典常译为“有”。后文的“存在性”即“有性”（sattā）。

实体除外。

“因性”是产生果的性质，是三者的共性。[①]

地等是实体、性质、运动的和合因。虚空等是性质（的和合因）。意与边分实是性质、运动（的和合因）。[②]

另一方面，作为性质的色、味、香、非热触、数、量、离一性、黏着性、声，是非和合因。[③]

觉、乐、苦、欲、瞋、内在努力、法、非法、修习是动力因。[④]

合、离、热（触）、重性、流动性、速力是双重因。

远、近、二性、离二性、圆等是非因。[⑤]

运动是合与离的非和合因。

此外，“这些实体性等既是同也是异”就是“同异”。[⑥]

这些就是三者的共性。

---

① 下文详细解释了“因性”，分为：和合因、非和合因、动力因、双重因、非因。和合因又可译为内属因、质料因，“和合”意为不可分离的内在结合。双重因既是非和合因又是动力因。《胜宗十句义论》只把“因”分为和合因、非和合因，《摄句义法论》加上了动力因。举例来说：“白牛在走”中的“牛”（实体）是“白”（性质）和“走”（运动）的和合因；泥土是瓶的和合因，泥土的黑色是瓶的灰白色的非和合因，陶工则是瓶的动力因。参见宫元啓一：『ヴァイシェーシカ・スートラ』，臨川書店，2009，第21页。

② 边分实：antyāvayavidravya，终极的不可分的实体。这一概念没有出现在《摄句义法论》中，但月喜认为时间、方位、我是边分实。参见 C ad VS. 1.1.8、1.1.11、1.1.12。

③ 离一性：又可译为“一别异性”。

④ 根据 VS-C. 1.1.5，“觉、乐、苦、欲、瞋、内在努力、法、非法、修习”也是性质，这里的 bhāvanā（修习）应相当于 C ad VS. 1.1.5 中的 saṃskāra（潜在动力）。

⑤ 圆：极小或极大的量。

⑥ “同异（性）”也是实体、性质、运动三者的共性。

8. 实体、性质、运动的异性

已经认识了三者的共性，（下面）解释异性，也就是：

VS-C. 1.1.8 诸实体形成另一实体。

VS-U. 1.1.10 诸实体形成另一实体，此外，诸性质（形成）另一性质。

因为“两实体”和“多实体”的区别，“一（实体）”不是形成者。①

作为和合因的实体形成不同于自己的、作为果的实体。

另一方面，虚空等边分实不形成（其他）实体。因为被认为是同种类的形体、动作、颜色等二因或多因才是果的形成者，虚空等不是这样的种类。

意不是（其他）实体的因，因为不具有接触性，而且因为边分实的不可见性。

VS-C. 1.1.9 此外，诸性质（形成）另一性质。

VS-U. 1.1.10 诸实体形成另一实体，此外，诸性质（形成）另一性质。

“两性质”和“多性质”（的区别）如前。②

例如，丝的色等内在于其所属的布实体中，形成不同于（丝）

---

① 只有一个实体不会形成另一个实体，一个新实体必须由两个或两个以上的实体形成。

② “如前”指前一句经文 VS-C. 1.1.8，完整表述是：因为“两性质”和“多性质”的区别，“一性质”不是形成者。也就是说，只有一种性质不会形成另一种性质，一种新性质必须由两种或两种以上的性质形成。

自身的（布的）色等性质。

VS-C. 1.1.10 由运动所成的运动不存在。

VS-U. 1.1.11 由运动所成的运动不存在。

运动不由运动所生，因为运动的消失是可见的。也就是说，如果运动由运动形成，就应该不存在对无运动的实体的认识。

如上，有些实体是形成者，有些不是；有些性质是因，有些不是；运动必不是运动的因。这就是（实体、性质、运动的）异性。

解释（实体、性质、运动的）其他的异性：

VS-C. 1.1.11 实体不被果破坏，也不被因破坏。

VS-U. 1.1.12 果和因不破坏实体。

“破坏”是消灭、阻碍；无论何处，作为因的实体都不被作为果的实体等[①]破坏，也不被和合因、非和合因破坏。

例如，一根手指作为实体将产生作为果的二指，（一指）不被由以其（二指）为目的的运动、为其（二指）做的结合而产生的二指破坏，也不被作为和合因的部分（=单个手指）、作为非和合因的结合破坏。[②]

虚空等不被作为果的性质破坏；意与边分实不被作为果的性

① 实体等：实体、性质、运动。

② 二指：两根手指合在一起作为一个新的实体。关于“二指喻”的分析参见 He Huanhuan, “Bhāviveka vs. Candrānanda”, *Acta Orientalia Hungarica* 70—1, 2017, pp. 1-20。

质和运动破坏；因为恒常性，这些（实体）不被因破坏。[①]

VS-C. 1.1.12 性质有两种情况。

VS-U. 1.1.13 性质有两种情况。

（性质）被因、果、（因果）两者破坏与不破坏。

极微、二极微等、边分实中的色等（性质）依次不被果、（因果）两者、因破坏。

色、味、香、触，无因果关系，不相互破坏。

最初、中间、最后的声（依次）被果、（因果）两者、因破坏；不可见力被果破坏；速力和内在努力被与有形实体的结合破坏；合与离、乐与苦、欲与瞋，无因果关系，相互破坏；觉被潜在动力的相续对治破坏；潜在动力被觉、慢、苦等破坏。这（性质的情况）应被如理认识。

VS-C. 1.1.13 运动被果破坏。

VS-U. 1.1.14 运动被果破坏。

作为（运动的）果的合、离、速力之中，运动只被合破坏，不被离、速力破坏，因为（否则）就会导致（运动的）合不产生的逻辑错误。

再（解释实体、性质、运动的）其他的异性：

VS-C. 1.1.14 实体的特性是：有运动、有性质、是和合因。

---

① 参见 C ad VS. 1.1.7，虚空等是恒常的实体。

VS-U. 1.1.15 实体的特性是：有运动、有性质、是和合因。

运动就是上升等运动，由和合而存在于各自的（实体）中，这就是“有运动”，虚空、时间、方位、我除外。

色等性质存在于各自的（实体）中，这就是“有性质”。

“和合”存在于所依与能依关系确定不可分的“此”（实体）中，这就是“和合因”，或者这就是和合之果的因。其中，地等是实体、性质、运动三者的和合因，虚空等是性质（的和合因）。意与边分实是性质、运动（的和合因）。[①]

VS-C. 1.1.15 性质的特性是：依于实体、无性质、不是合与离中的独立因。

VS-U. 1.1.16 性质的特性是：依于实体、无性质、不是合与离中的独立因。

“依于实体”意思是:（性质）依止于实体。

“无性质”意思是:（性质）不具有（其他）性质。

“不是合与离中的独立因”意思是：是（合与离的）依存因。也就是说，两根手指与虚空的合，依于二指与虚空结合时，所生成的二指的产生；两根手指的相互的离，依于二指与虚空分离的果的消失。同样，以结合与分离为特性的性质，是合与离中的依存因。

VS-C. 1.1.16 运动的特性是:（依）一实体、无性质、是合与离中的独立因。

---

① 参见 C ad VS. 1.1.7。

VS-U. 1.1.17 运动的特性是:(依)一实体、无性质、是合与离中的独立因。

“(依)一实体”意思是:一个实体不是两个实体,是其运动的所依;或者一(运动)只存在于一个实体中。

“无性质”意思是:诸性质不存在那(运动)中。

“是合与离中的独立因”意思是:合与离生成的时候,因为是与自所依的他者相分离、与别所依的他者相结合,不依于生和灭。①

再(解释实体、性质、运动的)其他的异性:

VS-C. 1.1.17 实体是实体、性质、运动的共因。

VS-U. 1.1.18 实体是实体、性质、运动的共因。

“共”一词是“共同”的同义语。②

地等是(实体、性质、运动)三者的共因。

虽然虚空等只是性质的因,但因为各物的多性质性,在诸性质中,虚空等是共因。

意与边分实是性质和运动的(共因)。③

VS-C. 1.1.18 性质亦然。

VS-U. 1.1.19 性质亦然。

“一实体是诸合(的共果)”④,“因为与火结合,因为其他性质的

---

① 参见 VS-C. 1.1.19。

② 共:sāmānya,在这里不是“六句义”中的“同”,即不是“普遍”的意思,而是“共同”“相同”的意思。

③ 参见 C ad VS. 1.1.7、1.1.14。

④ VS-C. 1.1.25。

显现”[①]，“手上的运动从‘与我结合’和‘内在努力’（产生）”[②]。根据这些经文，只有合是实体、性质、运动的共因，其他性质不是。

例如，由一个棉球与另一个有速力的棉球的合，产生运动，产生“二棉球”这一实体，其中还产生大性的量。

其他诸性质同此理。

VS-C. 1.1.19 运动是合、离的（共因）。

VS-U. 1.1.20 运动是合、离、速力的（共因）。

（运动）与自所依的他者相分离、与别所依的他者相结合，因此，运动是合与离的共因。[③]

VS-C. 1.1.20（运动）不是实体的（因），因为已经被排除了。

VS-U. 1.1.21 运动不是实体的（因）。

VS-U. 1.1.22 因为已经被排除了。

运动如果确是实体的因的话，应该是这样的：即使产生结合之后（运动）也不会消失，但（事实上）结合只有在运动消失的时候才被感知到。因此，我们认为“运动不是实体的因”。[④]

VS-C. 1.1.21 因为与性质不同属性，所以（运动）不是运动的（因）。

---

① VS-C. 7.1.5—6。

② VS-C. 5.1.1。

③ 参见 VS-C. 1.1.28、C ad VS. 1.1.16。

④ 参见 VS-C. 1.1.8。

VS-U. 1.1.24 因为与性质不同属性，所以运动不是运动的（因）。

重性、流动性、摇动性、打击、与可结合物的结合，是自所依物和他所依物中的运动的因，而内在努力和不可见力只是他所依物中的（运动的因）。[①]

然而，首先，运动不是自所依物中的运动的因，因为（否则）就会产生无运动的实体不可感知的逻辑错误。[②]（其次，运动）也不是他所依物中（的运动的因），因为一旦与那（所依物）相结合（运动）就消失了。

因此，与那些作为运动的因的诸性质不同属性的缘故，运动不是运动的因。

（实体、性质、运动的）其他的异性：

VS-C. 1.1.22 一实体是多实体的共果。

VS-U. 1.1.23 一实体是多实体的共果。

一实体是同种类的二实体或者多实体（的共同的结果），就像一块布是许多丝的共果。

VS-C. 1.1.23 二及以上的数、别体、合、离（是多实体的共果）。

VS-U. 1.1.25 二及以上的数、别体、合、离（是多实体的共果）。

所谓“（数）二是二实体的共果，（数）三是三（实体的共

---

① VS-C. 1.1.21 没有提到 vega（速力），但 C ad VS. 5.1.5、5.1.6、5.1.14、5.1.17 中都有提到。

② 参见 C ad VS. 1.1.10。

果）”等。

二（及以上的）别体也同样。

合是两个正在结合的实体（的共果），离是两个正在分离的实体（的共果）。

因为它们的依于多实体性，所以是有共性的。

VS-C. 1.1.24 无和合的缘故，不存在共果的运动。

VS-U. 1.1.26 无和合的缘故，不存在共果的运动。

因为一个运动和合于多实体被否定了，所以运动不是二实或多实的共果。[①]

VS-C. 1.1.25 一实体是诸合的（共果）。

VS-U. 1.1.27 一实体是诸合的（共果）。

一实体是作为非和合因的二或多合的共果，就像布是丝的诸合的（共果）。[②]

VS-C. 1.1.26（果的）色是（因的）诸色的（共果）。

VS-U. 1.1.28（果的）色是（因的）诸色的（共果）。

以作为结果的实体为所依的色是二或多因的色的共果，就像陶罐的色是泥块的色的（共果）。味等（性质）也是同样。

---

① 参见 VS-C. 1.1.16。

② 参见 VS-C. 1.1.8。

VS-C. 1.1.27 上升运动是重性、内在努力、合的（共果）。

VS-U. 1.1.29 上升运动是重性、内在努力、合的（共果）。

因为日光的无重性，因为山一般的无内在努力，因为土与手的无结合，（日光、山、土）没有上升运动，所以上升运动是重性等的共果。

VS-C. 1.1.28 合、离是诸运动的（共果）。

VS-U. 1.1.30 此外，合、离是诸运动的（共果）。

俱业生的合与离是诸运动的共果。①

VS-C. 1.1.29 在共因（的部分），已经说明了运动不是实体、运动的因。②

VS-U. 1.1.31 在共因（的部分），已经说明了运动不是实体、运动的因。

在解释实体等的共因的那部分，即"在共因（的部分）"，已经解释了运动不是实体和运动的因，因此，它们（实体、运动）也就不是它（运动）的共果。

如上，实体、性质、运动的种种（异性）就完整了。

---

① 合与离的产生都有三种情况：一业生（ekakarmaja/anyatarakarmaja）、俱业生（ubhyakarmaja）、合生（saṃyogaja）/离生（vibhāgaja）。意思分别是：由一方的运动产生的合或离，由双方的运动产生的合或离，由结合产生的合、由分离产生的离。参见 VS-C. 1.1.19、7.2.10—11。

② 参见 VS-C. 1.1.17—21，特别是 VS-C. 1.1.20—21。

第二节　同、异、有

1. 因果关系

前文已经提及因和果两词，为了对其进行详细解释，（牟尼）说：

VS-C. 1.2.1 没有因就没有果。

VS-U. 1.2.1 没有因就没有果。

没有丝等和合因，或者没有与那（丝）结合的非和合因，布等作为果的实体就不会产生。

或者，此坏灭彼就消失时，此就是因，彼则是果。①

VS-C. 1.2.2 然而，不是没有果就没有因。

VS-U. 1.2.2 然而，不是没有果就没有因。

然而，不是（说）：布等实体不产生的话，丝或者与那（丝）的结合就不产生。

2. 同、异

已经顺带论及了同等三个句义。现在，详细解释同：

VS-C. 1.2.3 同、异依赖于认识。

VS-U. 1.2.3 同、异依赖于认识。

---

① 参见 VS-C. 1.1.7、4.1.3。另外，根据《胜宗十句义论》的肯定与否定之因果关系确定法（anvayavyatireka）：如果甲存在的时候乙存在、甲消亡的时候乙消亡的话，那么就可以确定甲是原因而乙是结果。参见宫元啓一:『ヴァイシェーシカ・スートラ』，臨川書店，2009，第 40 页。

在不同的事物中，随顺的时候，“（此是）牛，（彼是）牛”（的同）依赖于认识。当这些只被相互区别的时候，是“此与彼不同”（的异）。同依赖于随转的认识，异依赖于（相互）排斥的认识。

VS-C. 1.2.4 有只是同。

VS-U. 1.2.4 有只是同，因为只是随转的因。

“有”即存在性，只是同；亦因为随顺于实体等三，[①] 所以不是异。

VS-C. 1.2.5 实体性、性质性、运动性是同也是异。

VS-U. 1.2.5 实体性、性质性、运动性是同也是异。

在土等中，“（这是）实体，（那是）实体”是随转的认识；且在色等中，“（这是）性质，（那是）性质”（是随转的认识）；在上升运动等中，“（这是）运动，（那是）运动”（是随转的认识）；这些实体性、性质性、运动性就是同；而因为相互区别，则是异。[②]

VS-C. 1.2.6 边异除外。[③]

VS-U. 1.2.6 边异除外。

根据和合（存在于）具有相同形态和属性的极微、虚空等恒常实体中的（边异）是“此不同、彼不同”的绝对排斥的认识的

---

① 实体等三：实体、性质、运动三句义。

② 例如，实体性对于各个实体来说是同，相对于性质性和运动性就是异。

③ 边异：绝对的或最终的“异”，是事物的终极差别。

因，对于彼见者[1]来说，因为特殊性，所以是（边）异。

如此，异就被解释了。

3. 有性

另一方面，有性，

VS-C. 1.2.7“有”是从它（产生）关于实体、性质、运动（的认识）。

VS-U. 1.2.7“有”是从它（产生）关于实体、性质、运动（的认识），即有性。

在实体等三种不同的（句义）中，由此产生“（此）有，（彼）有”的认识的就是有性。

如果说：“因为所依坏灭，所以此（有性）坏灭。”

（回答：）不是这样的，因为：

VS-C. 1.2.8 有性是不同于实体、性质、运动的其他。

VS-U. 1.2.8 有性是不同于实体、性质、运动的其他。

因为有性不同于实体等，所以（作为所依的）实体等坏灭的时候，有性不坏灭。

---

① 彼见者（tad-darśin）一词也出现在 C ad VS. 8.5，以及 PDhS. 132.2: aṇut-vahrasvatvayos tu parasparato viśeṣas taddarśināṃ pratyakṣa iti// ;《正理芭蕉树》把 tad-darśin 解释为瑜伽师（yogin），且是认识边异的人。参见 Nozawa Masanobu, “The *Vaiśeṣikasūtra* with Candrānanda’s Commentary (1)”, *Numazu Kōgyō Kōtō Senmon Gakkō Kenkyū Hōkoku* 27, 1993, p. 113。

（有性）不同于实体等（三句义）的证明（如下）：

VS-C. 1.2.9 因为有一实体性，所以（有性）不是实体。[①]

VS-U 缺

极微、虚空等是无实体（为所依）的实体，因为没有作为因的实体；或者，瓶等是以多实体（为所依）的（实体），因为与作为和合因的实体相结合。

那么，有性遍在于每一个（实体），因为“有一实体性”，所以不是实体。

VS-C. 1.2.10 而且，因为存在于性质、运动中，所以（有性）不是性质也不是运动。

VS-U. 1.2.9 而且，因为存在于性质、运动中，所以（有性）不是性质也不是运动。

性质不存在于性质中。运动也不存在于运动中。

因为有性存在于性质和运动中，所以有性不是性质、运动。

VS-C. 1.2.11 还因为没有同、异。

VS-U. 1.2.10 还因为没有同、异。

如果有性是实体等（三句义）的其中之一，那么就像实体性等存在于实体等中，同、异应该存在于有性中。但不是这样的。因此，有性不是实体、性质、运动。

---

① 有一实体性：以一个实体为所依的特性。参见 VS-C. 2.2.27、C ad VS. 2.1.11。

4. 实体性

VS-C. 1.2.12 实体性由“有一实体性”说明。[①]

VS-U. 1.2.11 实体性由“有多实体性”说明。[②]

就像因为（有性）遍在于每一个实体，所以有性不是实体；同理，因为“有一实体性”，所以实体性不是实体。

VS-C. 1.2.13 还因为没有同、异。[③]

VS-U. 1.2.12 还因为没有同、异。

就像实体性等存在于实体等中，若同和异存在于实体性中的话，那么（实体性）就应该是实体或性质或运动。因此，实体性不是实体等。

5. 性质性

VS-C. 1.2.14 性质性由“存在于性质中”说明。[④]

VS-U. 1.2.13 同理，性质性由“存在于性质中”说明。

性质不存在于性质中，而性质性存在于性质中，因此（性质性）不是性质。

---

① 参见 VS-C. 1.2.9。

② 有多实体性：按照商羯罗·弥施洛的解释，“实体性”和合于多个实体中。参见 Archibald Edward Gough, tr., *The Vaiśeshika Aphorisms of Kaṇāda*, Trübner & Co, 1873, p. 29。

③ 参见 VS-C. 1.2.11。

④ 参见 VS-C. 1.2.10。

VS-C. 1.2.15 还因为没有同、异。[①]

VS-U. 1.2.14 还因为没有同、异。

如果性质性是实体或运动的话，那么其中就应该存在实体性或运动性，即同、异。但不是这样的。因此，性质性不是实体或运动。

6. 运动性

VS-C. 1.2.16 运动性由“存在于运动中”说明。[②]

VS-U. 1.2.15 运动性由“存在于运动中”说明。

因为运动性存在于运动中，且运动不存在于运动中，所以运动性不是运动。

VS-C. 1.2.17 还因为没有同异。[③]

VS-U. 1.2.16 还因为没有同异。

如果（运动性）是实体性或性质性的话，那么运动性中就应该存在实体或性质。因此，运动性不是实体或性质。

7. 有是一

VS-C. 1.2.18 因为有的相状无差别，而且因为不存在特殊的相状，所以有是一。

VS-U. 1.2.17 因为有的相状无差别，而且因为不存在特殊的相

---

① 参见 VS-C. 1.2.11。

② 参见 VS-C. 1.2.10。

③ 参见 VS-C. 1.2.11。

状，所以有是一。

“一”这个词被解释为无差别而不是数。

“相状”是“由此被标记”，即观念。[①]

根据“（此）有，（彼）有”的相状，即观念，有性被认识。对这（有性）来说，因为任何情况下都是无差别的，而且因为不存在（关于有的）特殊观念，所以有性是无差别的。

---

① C ad VS. 6.1.2 中有相似的解释。另参见 VS-C. 2.1.28、2.2.8、2.2.14、7.2.31 及其注释。

第二章　实体之一

第一节　诸实体的差异性（1）

如上，证成了实体等（句义）的多样性，由实体的特性的非异性得到了地等的同一性；（以下）根据特性的不同，解释（地等实体的）差异性：

1. 地的特性

VS-C. 2.1.1 地具有色、味、香、触。

VS-U. 2.1.1 地具有色、味、香、触。

这些色、味、香、触就是它的特殊性质，而（地的）其他（性质还有：）数、量、别体、合、离、远、近、重性、偶然流动性、潜在动力。

色是白等；味是甘等；香是芳香与恶臭；触是不热不寒性，它由燃烧生。①

（地的）果是外在的（对象）和内我（的感官）。②

---

① 参见 VS-C. 7.1.10。

② 内我：ādhyātmika，一般指与意、身体有关的我（ātman）。由地而成的外在的对象主要是地界的生物、内我的感官指鼻。

2. 水的特性

VS-C. 2.1.2 水具有色、味、触、液、润。

VS-U. 2.1.2 水具有色、味、触、液、润。

（水的）色、味、触分别只是白、甘、寒，“液”是自然的流动性，“润”指它特有的黏着性。

（水的其他性质：）数、量、别体、合、离、远、近、重性、潜在动力。

（水的）果如前。①

3. 火的特性

VS-C. 2.1.3 火具有色、触。

VS-U. 2.1.3 火具有色、触。

（火的）色是光和白，触只是热。

（火的其他性质：）数、量、别体、合、离、远、近、偶然流动性、潜在动力。

（火的）果如前。②

4. 风的特性

VS-C. 2.1.4 风具有触。

VS-U. 2.1.4 风具有触。

触是不热不寒，非由燃烧生。

---

① 水的果如前：和地的果一样，水的果也是外在的对象和内我的感官；不同的是，由水而成的外在对象是水界的生物、内我感官是舌。

② 火的果如前：由火而成的外在对象是火界的生物、内我感官是眼。

（风的其他性质：）数、量、别体、合、离、远、近、重性、潜在动力。

（风的）果如前。[①]

5. 虚空的特性

地等的身体（存在于）地等的世界中。[②]

VS-C. 2.1.5 这些不存在虚空中。

VS-U. 2.1.5 这些不存在虚空中。

“这些”是色、味、香、触，不存在虚空中。

它（虚空）的性质是声、数、量、别体、合、离。

6. 流动性

VS-C. 2.1.6 由与火结合，作为地物的乳酪、树脂、蜡的流动性与水（的流动性）相同。

VS-U. 2.1.6 由与火结合，乳酪、树脂、蜡的流动性与水（的流动性）相同。

蜡就是蜜蜡。

由与火结合，产生的乳酪、树脂、蜜腊的流动性，是地与水的共性。[③]

---

① 风的果如前：由风而成的外在对象是风界的生物、内我感官是皮肤。

② 地界的生物的身体被认为是地制的，其他世界中的生物被认为具有水制、火制、风制的身体。参见 C ad VS. 4.2.2—4。

③ 乳酪、树脂、蜜腊在常温下都是固体，加热（即与火结合）之后就成了可流动的液体。这种地的流动性是由原因（如加热）而产生的（naimittika），而水的流动性则是本然固有的（sāṃsiddhika）。

VS-C. 2.1.7 由与火结合，作为火物的锡、铅、铁、银、金的流动性与水（的流动性）相同。①

VS-U. 2.1.7 由与火结合，锡、铅、铁、银、金的流动性与水（的流动性）相同。

此外，由与火结合，产生的这些火物的流动性，是火与水的共性。

7. 风之辩

VS-C. 2.1.8 有角、有隆肉、尾端有毛、有垂皮是牛性的可见相状。②

VS-U. 2.1.8 有角、有隆肉、尾端有毛、有垂皮是牛性的可见相状。

经文的目的是譬喻（说明）。

“牛”是由牛性定义的个体。

“有角、有隆肉、有垂皮”意为它具有角、隆肉和垂皮。

“尾端”一词指屁股。“有毛”一词指在那（屁股）长毛，即尾巴。“尾端有毛”意思是在尾端有它的毛。

通过“有角”等词描述了的“有彼者”，也只能由（语词的）

---

① 火物：相当于金属，古印度人一般认为金属是由火（元素）构成的。锡、铅、铁、银、金在常温下都是固体，加热（与火结合）之后就成了可流动的液体。因此，火的流动性也是由原因产生的（naimittika）。

② 从这句经文开始，风的存在不是通过直接知觉（pratyakṣa，现量）而是通过间接推理（anumāna，比量）来证明，推理的关键或线索称为liṅga（相状），古代佛教文献常译为“相”，意思是特征、标记。因为间接推理是以liṅga为关键或线索而成立的，偶尔也称为laiṅgika（推论，直译“相者”、“标记者”）。参见VS-C. 9.18及其注释。

意义功能来表示特性。①

就像个体牛未被看见的时候，通过某种方式掌握的有角等的可见的相状就是推理的依据，同样，

VS-C. 2.1.9 那么，触（是风的推理依据）。

VS-U. 2.1.9 那么，触是风（的推理依据）。

正被感知的触，因为于无所依物中不可得，让人推理出风。②

VS-C. 2.1.10 此外，（风的）触不属于可见的，所以风（具有）不可见的相状。

VS-U. 2.1.10 此外，（风的）触不属于可见的，所以风（具有）不可见的相状。

确实，如果这（触）是地等的触，我们应该同样感知香、味、色。但不是这样的，因此，（不可见的触）是不同于地等的风的相状。

VS-C. 2.1.11 因为无实体性，所以（风）是实体。③

---

① 有彼者：tadvat，具有“有角”等相状之物，即“牛”。

② 正被感知的触让人推理风的存在，因为风是触的所依，即触依止于风而存在。

③ 无实体性：参见 VS-C. 1.2.9 及其注释。存在两种实体：（1）adravya，无实体为所依的实体，如风；（2）anekadravya，以多实体为所依的实体（即复合性实体），如瓶等作为两个或两个以上的实体和合之结果的实体。这句经文和下一句（VS-C. 2.1.12）在 C ad VS. 2.1.27、2.2.7、2.2.13、3.2.2、3.2.5 等中也被提到，因为风是九种实体中第一种不可见的实体，在对其他不可见实体（虚空、时间、方位、我、意）的证明中，风及其证明被用作例证。

VS-U. 2.1.11 因为无实体性，所以（风）是实体。

以极微为自性的风，[①] 正因为无实体性，即由于缺少和合因，所以就是实体。

也就是说，实体是无实体（为所依）和多实体（为所依）的。

VS-C. 2.1.12 因为有运动、有性质，（所以风是实体）。

VS-U. 2.1.12 因为有运动、有性质，（所以风是实体）。

因为"有运动、有性质"是实体的特性，[②] 运动与性质和合于其中的大风也是实体。

VS-C. 2.1.13（风的）恒常性由无实体性说明。[③]

VS-U. 2.1.13（风的）恒常性由无实体性说明。

根据以极微为自性的风的无实体性，即根据缺少和合因，恒常性被说明。

VS-C. 2.1.14 风与风相碰撞是（风）多性的相状。

VS-U. 2.1.14 风与风相碰撞是（风）多性的相状。

（风的）上升运动由横向吹的风与风相碰撞，即与其他风相结合产生。然后，由于上升，（风与风再）相结合。风的多性由结合推理出来。

---

① 以极微为自性的风：风极微（风原子）。

② 参见 VS-C. 1.1.14。

③ 参见 VS-C. 2.1.11。

VS-C. 2.1.15 接触时，由于没有对“风”的直接知觉，所以（风）没有可见的相状。

VS-U. 2.1.15 与风接触时，由于没有直接知觉，所以（风）没有可见的相状。

例如，根据（人的）眼睛与牛接触时产生的“这是牛”的直接知觉，结合于其中的有角等就是那时（牛的）可见的相状。

（反论者：）不是这样的：根据皮肤和风接触时产生的“这是风”的直接知觉，作为（风）特性的触是可感知的。据此，如何能够推理出不可感知的风？（反论者还）说：因为是不同于地等的触，而且因为无所依的触不存在，所以风是（触的）所依。

VS-C. 2.1.16 但因为可被认识的共性，（风的触）无特殊性。

VS-U. 2.1.16 但因为可被认识的共性，（风的触）无特殊性。

因为虚空等也是不可见的，根据这一否定，“这触仅属于风”这样的特殊性就不能从这种可被认识的共性中推理出来。[①]

（反论者：）如果说“（风、虚空等）遍在的事物具有触的话，存在物就会有障碍”[②]，那么，如何知道这触仅属于共许存在的风，而不属于第十种实体？[③]

---

① 不可感知是虚空与风的可见的（= 可被认识的）共性。

② 如果虚空等遍在物也具有触的话，那么我们就会时时刻刻感受到障碍的存在，但实际不是这样的，所以遍在物不具有触。这句话也可理解为：“遍在的事物（如虚空等）具有触是被否定的。”

③ 胜论派只承认九种实体，反论者提出第十种实体旨在否定风只是触的所依这一观点。

VS-C. 2.1.17 因此，（风存在依据）传承。[①]

VS-U. 2.1.17 因此，（风存在依据）传承。

因此，“风存在”的说法是传承，即只是（世间）传言的意思。

（论主回答：）不是这样的。

VS-C. 2.1.18 一方面，远胜于我们者的命名，是（风存在的）标志。

VS-U. 2.1.18 一方面，远胜于我们者的命名，是（风存在的）标志。

在智慧等方面远胜于我们的、神圣的大自在天，赋予了相关的名称，即是实体只有九种的标志。因为（大自在天）没有说第十种（实体）的名称。所以，实体只有九种。

由此，（上述）触只属于风。

“远胜于我们者”是用于尊敬的复数形式。[②]

（反论者：）“这（命名）如何被知道？”（论主）回答：

VS-C. 2.1.19 因为命名基于直接知觉。

VS-U. 2.1.19 因为命名产生于直接知觉。

因为看见句义者根据直接知觉赋予名称。这从给一个小男孩的命名就可以看出。这些（实体的）名称确实是这样获得的。

---

① 针对胜论派主张的用推理证明风的存在，反论者提出风的存在不是推理可证的，而应是世间传说。

② 远胜于我们者：asmadviśiṣṭānām，复数属格；用复数形式表示单数的神（如大自在天），是表尊敬的用法。

因此，我们认为："存在着远胜于我们的圣者，他是我们无法看见的事物的直接知觉者，这名称等由他赋予。"[①]

8. 虚空之辩

（反论者：）

VS-C. 2.1.20 出、入是虚空的相状。

VS-U. 2.1.20 出、入是虚空的相状。

人的出和入通过门等实现，而不是从墙等（出入），这是虚空的作用。由此，出和入就是虚空的相状。

也就是说，虚空是无质碍的存在。[②]

（论主回答：）不是这样的。

VS-C. 2.1.21 这（出、入）不是（虚空）的相状，因为运动的有一实体性。

VS-U. 2.1.21 这（出、入）不是（虚空）的相状，因为运动的一实体性。

出等运动存在于人中（而不是虚空中），因为已经说过运动（依于）一实体，而且因为虚空没有运动；由于无结合关系，不存在虚空中（的出、入）如何能让人理解它（是虚空的相状）？[③]

（反论者：）如果说"就像存在于土块中的下落运动是重性的相

---

① 参见 VS-C. 6.1.2—3 及其注释。

② 参见《百论》：无色是虚空相。(《大正藏》第 30 册，第 179 页下）

③ 出、入作为运动都是依于一种实体而存在的。参见 VS-C. 1.1.16。

状，同样，存在于人中的出是虚空的相状”。（论主回答：）不是，

VS-C. 2.1.22 还因为（虚空）不同于他所成因。[①]

VS-U. 2.1.22 还因为（虚空）不同于他所成因。

已经说过“重性是运动的非和合因”[②]，这可以推理出来。

但是，虚空作为非和合因的话，就会与（虚空的）恒常性、实体性、无所依性不相符合，因为虚空不同于重性等非和合因。

所说的“通过门等的出，是由于虚空的作用”[③]，这是不对的，

VS-C. 2.1.23 因为结合，运动消失。[④]

VS-U. 2.1.23 因为结合，运动消失。

作为运动之依止的身体与墙等具有触的实体相结合，所以出消失，但不是因为没有了虚空，（出消失）。

因为这（虚空）的遍在性，其中（出消失处）也有（虚空）。因此，虚空仅以声为相状。

（反论者：）如果说“声只是鼓等因的性质”。（论主回答：）不是。

VS-C. 2.1.24 基于因的性质，果中的性质被认识到，还因为不产生其他果，所以声不是有触者的性质。

VS-U. 2.1.24 基于因的性质，果的性质被认识到。

---

① 他所成因：即非和合因。参见 C ad VS. 1.1.7。

② 参见 C ad VS. 1.1.21。

③ 参见 C ad VS. 2.1.20。

④ 这是从出、入等运动的消失不是因为虚空的消失来证明出、入不是虚空的相状。

VS-U. 2.1.25 还因为不产生其他果，所以声不是有触者的性质。

也就是说，那些有触者的特殊性质由各自的感官所感知，（这些特殊性质是）通过因的性质带去果中的。而且，不像色等，没有任何声的部分被感知为内在于鼓的部分中。因此，由于不基于因的性质，声就不是太鼓等有触者的特殊性质。

而且，只要果一直被感知，有触者的特殊性质就被认为还存在于果中。但声不是这样的。因此，（声）不是有触者的特殊性质。

此外，有触者的特殊性质是由因的性质在果形成时产生的。[①] 而当声由声形成的时候，我们看不见任何（其他）果产生。因此，说“还因为不产生其他果，所以声不是有触者的特殊性质”。

VS-C. 2.1.25 因为他处的直接认识性，（声）不是我的性质，不是意的性质。

VS-U. 2.1.26 因为和合于他物，还因为直接认识性，（声）不是我的性质，不是意的性质。

“他处”是“外在（于身体）”的意思。

确实，我的诸性质，如乐等，被感知为内在于身体。而声不是这样的。因为（声）被外在的许多（人 / 动物）所感知。

此外，我的性质不被外在感官所把握。但这（声）却被耳直接认识。因此，（声）不是我的性质。

同理，因为被外在感知性，而且因为外在感官的直接认识性，所以（声）不是意的性质。

此外，因为耳的直接认识性，所以（声）不是方位、时间

---

① 参见 VS-C. 2.2.1 及其注释。

（的性质）。

因此，（声）作为一种性质，

VS-C. 2.1.26 是虚空的相状。

VS-U. 2.1.27 由此，是虚空的相状。

因此，正被感知的声让人理解虚空。

VS-C. 2.1.27（虚空的）实体性与恒常性由风解释。①

VS-U. 2.1.28（虚空的）实体性与恒常性由风解释。

例如，因为无实体性，② 以极微为自性的风是实体，且是恒常的；同样，因为没有作为因的实体，虚空也是实体，且是恒常的。

VS-C. 2.1.28（虚空的）真性由有（解释）。③

VS-U. 2.1.29（虚空的）真性由有（解释）。

例如，因为有的相状无差别，而且因为不存在特殊的相状，所以有是一；同样，因为声的相状无差别，而且因为不存在特殊的相状，所以虚空是一。

VS-C 缺

VS-U. 2.1.30 因为声的相状无差别，而且因为不存在特殊的相

---

① 这句经文与 VS-C. 2.2.7、2.2.13、3.2.2、3.2.5 相同。另参见 VS-C. 2.1.11—13 及其注释。

② 无实体性：没有实体为所依止。

③ 真性：tattva，根据注释意为“一性”（eka/ekatva）。参见 VS-C. 1.2.18。这句经文与 VS-C. 2.2.8、2.2.14 相同，与 VS-C. 7.2.31 相似。

状，（所以虚空是一）。

VS-U. 2.1.31 依据此（有），而且因为个体性是一，（所以虚空是一）。

第二节 诸实体的差异性（2）

1. 诸实体中的热

（反论者：）所说的“作为果的实体形成的时候，具有触为特殊性质（的实体）形成其他性质。然而，（作为果的）实体尚未形成的时候，声就形成了声”。[①] 这是不合理的，因为即使在花和衣服尚未形成其他实体的时候，花香就在衣服上形成了香味，就像水中的热一样。[②]

（论主）回答：

VS-C. 2.2.1 花和衣服相接触时，其他的香不显现，就是衣服上不存在香的相状。

VS-U. 2.2.1 花和衣服相接触时，其他的性质不显现，就是衣服上不存在香的相状。

确实，衣服与花相结合的时候，（衣服上的）香不是由花香形成的。因为产生衣服香的话，那么我们应该感知到不同于花和衣服两种香的其他香的产生。（事实）不是这样的。也就是说，我们只感知到花香。

---

① 参见 VS-C. 2.1.24 及其注释。

② 就像水中的热一样：就像火和水尚未形成其他的实体（如水蒸气）的时候，火的热就在水中形成其他的热（= 水的热）了。

因此，所谓“果尚未形成的时候，（衣服上的）香由花香形成”是不合理的，因为会导致（感知到）其他香的逻辑过错。

VS-C. 2.2.2 水中的热由此解释。

VS-U. 2.2.2 热由此解释。

火与水相结合的时候，不同的触不产生就是（水中）没有热的相状。

而且，水中的热并不持续得和实体的存在一样久。[①]

由于细微的花分子在衣服上的转移，由于火分子在水中的转移，因为和合于结合，[②]（衣服上的）香和（水中的热）触被感知到。

（反论者：）“衣服、水中的色等（性质）不持续如实体的存在一样久。因为感知到花香、热触的时候，（衣服）自身的香、（水）自身的冷触并未被感知到。”（论主：）不是（这样的）。

VS-C. 2.2.3 香持续存在于地中。

VS-U. 2.2.3 香持续存在于地中。

（衣服）自身的香持续存在于地性的衣服中，但由于花香的强大力量，不被感知到。

此外，

---

① 热水变凉之后，水依然存在，但是水中已经没有热了，即水中的热不会一直伴随着实体水的存在而存在。

② 和合于结合：saṃyukta-samavāya，衣服与花、水与火相结合的时候，花的香和火的热会变成衣服与水的内在属性，也就是花的香、火的热分别和合于衣服、水。另参见 VS-C. 10.18。

VS-C. 2.2.4 热性（持续存在于）火中。

VS-U. 2.2.4 热性（持续存在于）火中。

热性只持续存在于火中，不向水中转移。

同样，感知到热的时候，

VS-C. 2.2.5 冷性（持续存在于）水中。

VS-U. 2.2.5 冷性（持续存在于）水中。

由于火分子进入（水中），因为和合于结合，热被感知到的时候，即使（冷性）不被感知到，冷性也持续存在于水中；只是由于（火的热性的）强大力量，（水的冷性）不被感知到。

2. 时间之辩

现在，解释时间：

VS-C. 2.2.6 此（时）、彼（时）、同时、异时、慢、快是时间的相状。

VS-U. 2.2.6 此（时）、彼（时）、同时、慢、快是时间的相状。

与（指示方向的）"此性"等相结合的这些（此时、彼时）就是时间的相状。其中，与指示方向的"彼"相结合，在年幼者中产生"彼（时）"的认识；与指示方向的"此"相结合，在年长者中产生"此（时）"的认识；根据看见的黑发等、皱纹与白发等特征，在年幼者中产生"此（时）"的认识、在年长者中产生"彼（时）"的认识；就是时间。[①]

① 参见 VS-C. 7.2.25。

同样，在做相同工作的作者中，产生“（某些人）同时工作，（某些人）不同时（=异时）工作”的观念的就是时间。

同样，解释称为“欧达纳”（odana）的祭祀活动，在连续进行很多投火仪式等祭祀的时候，在同一个作者（祭祀者）中产生“这次做得慢”“这次做得快”两种观念的就是时间。

它（时间）的性质是数、量、别体、合、离。

此外，

VS-C. 2.2.7（时间的）实体性和恒常性由风解释。

VS-U. 2.2.7（时间的）实体性和恒常性由风解释。

因为无实体性，就像风极微一样，所以时间是实体性和恒常性的。[1]

VS-C. 2.2.8（时间的）真性由有（解释）。[2]

VS-U. 2.2.8（时间的）真性由有（解释）。

例如，因为有的相状无差别，而且因为不存在特殊的相状，所以有是一；同样，因为时间的相状无差别，而且因为不存在特殊的相状，所以时间是一。

（反论者）问：“时间是一性的话，如何解释‘开始时等’？”对此，（论主）回答：

---

① 风极微是不依止于其他实体的实体。参见 C ad VS. 1.2.9。

② 参见 VS-C. 2.1.28。

VS-C. 2.2.9 由于所作不同，（时间）是多性的。

VS-U 缺

“所作”就是运动，具有特殊运动的事物被看见有生（开始）、住（持续）、灭（消亡）的运动。

对于一性的时间来说，“开始时等”可由作为假言的“多性”得到解释。

（反论者：）时间只是运动，就时间的相状来说：

VS-C. 2.2.10 因为不存在恒常者中而存在于非恒常者中。

VS-U. 2.2.9 因为不存在恒常者中而存在于非恒常者中，所以“时间”的名称（可用）于因。

如果时间是不同于运动的、恒常的存在物的话，那么时间的相状也应该显现在虚空等恒常者中。但是，（时间的相状）只存在于非恒常者中。因此，时间只是正在产生之物中的区分，所以说“时间只是运动”。

（论主回答：）不是（这样的）。因为时间在事物产生后的存在性，时间的相状存在于非恒常者中，并不是因为运动的时间性。

另一方面，对于那些（时间的相状）来说，

VS-C. 2.2.11“时间”的名称（可用）于因。

VS-U. 2.2.9 因为不存在恒常者中而存在于非恒常者中，所以“时间”的名称（可用）于因。

因为这些时间的相状不是无因而存在的。如果（时间）以运动为因的话，就应该说“已做”而不说“同时”。

因此，“时间”的名称（可用）于那些（相状）的因。[①]

3. 方位之辩

VS-C. 2.2.12“近由远”，即由远（产生）近的（观念）就是方位的相状。

VS-U. 2.2.10“近由远”，即由远（产生）近的（观念）就是方位的相状。

限定了有形物之后，由远产生的“近由远，是东”等的观念就是方位的相状。

（方位的）性质是数、量、别体、合、离。

此外，

VS-C. 2.2.13（方位的）实体性和恒常性由风解释。

VS-U. 2.2.11（方位的）实体性和恒常性由风解释。

因为无实体性，就像风（极微）一样，所以方位具有实体性和恒常性。[②]

VS-C. 2.2.14（方位的）真性由有（解释）。[③]

VS-U. 2.2.12（方位的）真性由有（解释）。

因为方位的相状无差别，而且因为不存在特殊的相状，所以

---

① 此时、彼时、同时、异时、慢、快这些时间的名称可用于描述作为相状之原因的实体和运动。

② 参见 C ad VS. 2.2.7。

③ 参见 VS-C. 2.1.28。

方位是一。[①]

虽然是一性的，

VS-C. 2.2.15 由于所作不同，（方位）是多性的。[②]

VS-U. 2.2.13 由于所作不同，（方位）是多性的。

由于“在东方供神，在南方祭祖”等所作的不同，东、南等就是方位的多性的假言。

（反论者）如果说“（方位）相互依赖”。（论主回答：）这种情况下，

VS-C. 2.2.16 根据与太阳的过去、现在、将来的结合，（称为）东。

VS-U. 2.2.14 根据与太阳的过去、现在、将来的结合，（称为）东。

在一日之初，太阳神与方位的特殊部分已结合、正在（结合）、或者将要（结合），由此，根据与太阳的结合，假言“东”，意思是“太阳升起之处”。[③]

VS-C. 2.2.17 南、西、北亦如此。

VS-U. 2.2.15 南、西、北亦如此。

由此，仅同样根据与太阳的结合，假言“南等”。

---

① 参见 C ad VS. 2.2.8。

② 参见 VS-C. 2.2.9。

③ 参见《百论》：外曰：实有方，常相有故，日合处是方相。如我《经》说：若过去、若未来、若现在、日初合处，是名东方。如是余方随日为名。（《大正藏》第 30 册，第 180 页上。）

VS-C. 2.2.18 其他的方位由此解释。

VS-U. 2.2.16 其他的方位由此解释。

只通过这一方式，东南等其他的方位就得到了解释。

4. 疑惑之辩

这里，现在，应该根据诸能作（=感觉器官）理解“我”，诸能作由声等性质（证明）。

（反论者：）“声等的性质性是不成立的，被认为是已成立的。”

（论主：）“为什么对于（声等的）性质性有疑惑？”

（反论者：）“疑惑难道也需要原因？”

（论主：）“当然需要。”

（反对者：）“（疑惑的）原因是什么？”

他（论主）回答：

VS-C. 2.2.19 从对共通的直接认识、对特殊的非直接认识和对特殊的回忆，（产生）疑惑。

VS-U. 2.2.17 从对共通的直接认识、对特殊的非直接认识和对特殊的回忆，（产生）疑惑。

（某人）看见柱和人两者的直立（这一）共通（性），没有看见手等、树洞等的特殊因，而且回忆各种特殊性。由此（产生）疑惑：“这应是柱还是人？”

这（疑惑）有两种，即“外在”和“内在”。“外在（疑惑）”也有两种，即“直接认识”和“非直接认识”。

首先，在“非直接认识”中，

VS-C. 2.2.20 已见、未见（是疑惑的原因）。

VS-U 缺

当被告知“人到了”的时候，因为只是听说，就会（产生）“我将要看见的这个人是（以前）见过的，还是没见过？”的疑惑。

其次，在“直接认识”中，

VS-C. 2.2.21 此外，已见、似见（是疑惑的原因）。

VS-U. 2.2.18 此外，已见、似见（是疑惑的原因）。

面对面看见一个人，正在辨认看见的这个人，（产生）“这个人是我以前见过的，还是完全没见过？”的疑惑。

VS-C. 2.2.22 从已见是如已见、不如已见的两种见性（产生疑惑）。

VS-U. 2.2.19 从如已见、不如已见（产生疑惑）。

一开始，已见提婆达多有头发。第二次，秃头了。第三次，留有头发了。第四次，天薄明时，通过说话等，仅有的模糊形状被认出来时，（产生）“他（提婆达多）是有头发的还是秃头？”的疑惑。

在前一句经中，疑惑从回忆多对象（产生）。而根据这句，（疑惑）从反复回忆同一对象中的特殊（产生）。

另一方面，内在（的疑惑）：

VS-C. 2.2.23（内在的）疑惑从明和无明（产生）。

VS-U. 2.2.20（内在的）疑惑从明和无明（产生）。

“明”是正确的认识，“无明”是错误的认识。

（第一次）被知命者正确地预言了幸运。第二次（的预言）是不正确的。第三次的时候（就产生了）疑惑："（这次）像第一次那样是正确的，还是像第二次那样是不正确的？"

以上，就说明了疑惑。

5. 声之辩

那么，现在应该解释声：

VS-C. 2.2.24 声就是耳所把握的对象。

VS-U. 2.2.21 声就是耳所把握的对象。

被耳所把握的对象就是声。

因为同等（句义）不适用"对象"一词，所以用"对象"（一词）表示"声性不是声"。[①]

（反论者：）

VS-C. 2.2.25"其中，（声）是实体、是运动、是性质？"的疑惑。[②]

VS-U 缺

因为具有共同的性质，所以疑惑于声的实体性等。

他（反论者）说：

VS-C. 2.2.26 因为（声的）特殊在同类物和异类物两者中被认

---

① 参见 VS-C. 8.14。

② 反论者疑惑于声是实体还是性质或运动。

识到。

VS-U. 2.2.22 因为（声的）特殊在同类物和异类物两者中被认识到。

依据与地同类的水等、不同类的性质与运动，[①] 作为地之特殊的地性被认识到。

由此，对于声（产生）“这被耳所把握的特殊，是与性质同类的，还是异类的？”疑惑。

（论主回答：）不是这样的。

VS-C. 2.2.27 因为有一实体性，所以（声）不是实体。

VS-U. 2.2.23 因为一实体性，所以（声）不是实体。

因为存在于虚空这一实体中，所以这声不是实体。因为实体要么如极微等是无实体（为所依），要么如瓶等是多实体（为所依）。[②]

VS-C. 2.2.28 因为非眼所见性，所以（声）不是运动。

VS-U. 2.2.24 因为非眼所见性，所以（声）也不是运动。

其他感官所直接认识的实体或运动，是眼所看见的。然而，这声是被耳所直接认识的，不是眼所看见的。

这样，就确立了（声）是性质。

然而，

---

① 同类：指水和地都是实体。

② 参见 C ad VS. 2.1.11。

VS-C. 2.2.29 作为性质存在的（声）的完结，是与运动相同的属性。

VS-U. 2.2.25 作为性质存在的（声）的完结，是与运动相同的属性。

“完结”即消亡，作为性质存在的（声），却有与运动相同的属性。

（声的）消亡从产生后不被把握推论出来。

（反论者）如果说“（声）即使存在，由于其原因而不能被把握”。

（论主回答：）不是，

VS-C. 2.2.30 因为（发声之后）没有存在的相状。

VS-U. 2.2.26 因为（发声之后）没有存在的相状。

某物的存在即使由于其原因不被把握，也存在着能被真正把握的相状。而就声来说，因为没有结合等的相状，发声之后确是不存在的。[①]

而且，

VS-C. 2.2.31 因为不同于恒常的属性。

VS-U. 2.2.27 因为不同于恒常的属性。

发声的消失不同于恒常的属性，所以（声）是非恒常的。

而且，

VS-C. 2.2.32 因为是果。

---

① 参见 VS-C. 3.1.8、9.18。

VS-U. 2.2.28 此外，它是非恒常的，因为有因。

声是果，因为通过结合等产生[①]，所以（声是）非恒常的。

而且，

VS-C. 2.2.33 因为无。

VS-U 缺

“因为以前无”的意思。因为“以前无”之物会消亡。而且，作为“以前无”的声从诸因产生。

此外，这些不是（声的）显现。为什么？

VS-C. 2.2.34 因为（声的）变化由于诸因。

VS-U. 2.2.29 此外，因为变化，（声）不是未被证明。

因为通过鼓等因，声的变化被感知。鼓等大时，（声）大；（鼓等）小时，（声）小。

然而，（声）显现的话，

VS-C. 2.2.35 因为错误。

VS-U. 2.2.30 声显现的话，是因为错误。

如果声以恒常性显现的话，在祭祀中，就像达热巴草（darbha）等一样，被一人使用过的就不能被另一人使用了。因为（犯）已使用等的错误，所以（声是）非恒常的。

（反论者）问：“（声）为什么是果？”（论主）回答：

---

① 例如，鼓与钹的结合产生声，撕裂衣服的时候由于分离产生声。

VS-C. 2.2.36 因为声从结合、分离以及（其他）声产生。

VS-U. 2.2.31 因为声从结合、分离以及（其他）声产生。

声从鼓与钹的结合、从布片与衣服的分离以及就像连续不断的波一样从（其他）声产生，所以我们认为“声是果”。

VS-C. 2.2.37 还由于（吠陀的）相状，（声）是非恒常的。

VS-U. 2.2.32 还由于（吠陀的）相状，声是非恒常的。

由于吠陀的相状，即根据“三吠陀由此产生”之言，（声）是非恒常的。

（反论者）：声是恒常的。

VS-C. 2.2.38 然而，因为不存在两种功能。

VS-U. 2.2.33 然而，因为不存在两种功能。

对于作为果的存在物来说，有两种功能：一种是产生，另一种是果的形色的使用。

然而，声的目的是理解意义，只有称为发声的一种功能，不是为了（产生或使用）自己。因此，声是恒常的。

VS-C. 2.2.39 因为存在着计数。

VS-U 缺

如果声在发声之后就消失，那么“这被传诵了两次”的计数，就因为（声）的消亡性而是不可能的，存在着（计数）。因此，（声）是恒常的。

VS-C. 2.2.40 因为“第一”一词。

VS-U. 2.2.34 因为“第一”一词。

“因为‘第一’一词”指的是（吠陀圣典中）“诵三遍第一首（赞歌）”的表述。如果声在发声之后就消失的话，重复计算第一首赞歌就是不可能的，而存在着（“诵三遍第一首赞歌”的表述）。因此，（声）是恒常的。

VS-C. 2.2.41 还因为存在着理解。

VS-U. 2.2.35 还因为存在着理解。

如果声（在发声之后）就消失的话，“这正是那‘牛’的声”的理解，即再认识，就是不可能的。因此，（声）是恒常的。

（论主回答：）不是这样的，要义是：

VS-C. 2.2.42 存在着的多种（原因）都是可疑的。

VS-U. 2.2.36 存在着的多种（原因）都是可疑的。

所见的灯光等没有两种功能，“闪电出现两次”是存在着的计数，（存在着）对火焰等的理解。因此，这些在非恒常物（灯光、闪电、火焰）中也存在着的多种原因都是可疑的。①

因此，（声）是非恒常的。

VS-C. 2.2.43 与“存在着计数”相似。

VS-U. 2.2.37 与“存在着计数”相似。

此外，“第一”一词与“存在着理解”，这两（原因）应该被认为是相似的。

---

① 分别是对 VS-C. 2.2.38、2.2.39、2.2.41 的反驳。

第三章　实体之二

第一节　我之辩

这样，说明了到“方位”为止的（实体的）差异性后，进入对我（的解释）。

1. 感官和对象的证明

VS-C. 3.1.1 感官和对象是公认的。

VS-U. 3.1.1 感官和对象是公认的。

（作为对象的）声等诸性质的自性是公认的，而且由此诸感官（也是公认的）。

由此，现在，

VS-C. 3.1.2 公认的感官和对象，是不同于感官和对象的他物的因。

VS-U. 3.1.2 公认的感官和对象，是不同于感官和对象的他物的因。

这声等被把握的诸对象是公认的，而且据此耳等感官（也是公认的）。通过那公认的感官和对象，除了这些所执对象、能执感官以外的执持者“我”被推论出来。

（反论者：）

VS-C. 3.1.3 这是无效的证明。

VS-U. 3.1.3 这是无效的证明。

公认的所执与能执的名称，当执持者存在时，被说成是因，这是无效的证明，即对象不是因。

为什么假定“我”？为什么诸感官不是执持者？

（论主：）不是。

VS-C. 3.1.4 由于（感官的）因无知。

VS-U. 3.1.4 由于（感官的）因无知。

因为作为感官的因的元素的无知性，所以那作为果的诸感官也是无知的。

元素的无知，

VS-C. 3.1.5 因为果无知。

VS-U. 3.1.5 因为果中无知。

作为元素的某个果的瓶等的无知性，所以元素也是无知。

VS-C. 3.1.6 还因为（诸感官）无知。

VS-U. 3.1.6 还因为（诸感官）无知。

“因为诸元素的无知，所以诸感官也是无知的。”这句经文的目的是总结。

（反论者：）

VS-C. 3.1.7“因即不同”是无效的证明。[①]

VS-U. 3.1.7“因即不同”是无效的证明。

“不同”是“除了因的相状”的意思。也就是说，因为公认的感官和对象具有不与我相结合的感官和对象的性质，所以那（我）不能被推理出来。

因此，（VS-C. 3.1.2）是无效的证明。

（论主回答：）不是这样的，

VS-C. 3.1.8 结合、和合、和合于一物、矛盾（是证明的依据）。[②] **果是其他果的（相状），因是其他因的（相状）。非存在是存在的矛盾（相状），存在是非存在的（矛盾相状），非存在是非存在的（相状），存在是存在的（相）状。**

VS-U. 3.1.8“他物”是他物的无效证明。

VS-U. 3.1.9 结合、和合、和合于一物、矛盾（是相状）。

VS-U. 3.1.10 果是其他果的（相状）。

VS-U. 3.1.11 非存在是存在的矛盾（相状）。

VS-U. 3.1.12 存在是非存在的（矛盾相状）。

VS-U. 3.1.13 存在是存在的（相状）。

火的烟是结合。牛的角是和合。

和合于一物有两种，果是其他果的（相状），如色是触的（相

① 参见 VS-C. 3.1.2。

② 事物之间具有的结合关系、和合关系、依存关系、矛盾关系是推理证明的依据。

状）；因是其他因（的相状），如手是脚（的相状）。[①]

矛盾有四种，未降的雨是风与云的结合存在的相状；降雨是风与云的结合不存在的相状；黑色的非存在是与火的结合不存在的相状；[②]果的存在是与因的结合存在的相状。

因此，这里公认的诸感官和对象的工具性和目的性的和合，就是我的相状。

如果（反论者）说："这些（感官和对象的工具性和目的性）不和合于我。"

（论主答：）"是这样的，然而，论式（如下）：诸感官是被作者所用之物，因为是工具性的，如斧头等。"[③]

2. 证明的有效性

（反论者）："为什么只有结合等是相状？"（论主）回答：

VS-C. 3.1.9 因为有效的证明的（相状）是基于公认的。

VS-U. 3.1.14 因为有效的证明的（相状）是基于公认的。

结合等是公认的，不与它结合就不被一起认识，它也是其他事物的相状，因为结合性，不结合不是（相状）。

也就是说，

① 手是脚的相状：手和脚都是原因，和合于作为结果的同一个身体中。因此，作为原因的手是同一身体中作为原因的脚的相状。

② 黄色的陶土用火烧之后原来的颜色消失，变成黑色（或其他颜色）的陶罐，即产生了本来没有的黑色。

③ 这是一个完整的"三支"论式，（1）宗：诸感官是被作者所用之物；（2）因：因为是工具性的；（3）喻：如斧头等。

VS-C. 3.1.10 非公认的是无效的证明。

VS-U. 3.1.15 非公认的是无效的证明，非存在的和犹豫的是无效的证明。

非公认的就是矛盾的，绝不和所证明的属性相结合，反而却和相反对的（属性相结合），这就是无效的证明，即不是因。[①]

VS-C. 3.1.11 非存在的和犹豫的是无效的证明。

VS-U. 3.1.15 非公认的是无效的证明，非存在的和犹豫的是无效的证明。

非存在的是不存在命题中的。据此，也就是，“非存在”是“不成立”的意思。

此外，犹豫的是无效的证明，“犹豫”是“不确定”[②]的意思。

（论主）说：譬喻（如下），

VS-C. 3.1.12 “有角，所以是马”“有角，所以是牛”等。

VS-U. 3.1.16 有角，所以是马。

VS-U. 3.1.17 以及“有角，所以是牛”是不确定的譬喻。

在“此物是马”的所立中，有角性是矛盾的，因为马的相反物被有角性遍充。[③]

---

① 非公认的事物不能作为相状，也就不能用来证明他物的存在，即不是证明他物存在的原因。

② 不确定：anaikāntika，佛教文献尤其是因明论著中常译为“不定（因）”。

③ 所立：sādhya，需要证明的主张命题。公认的马没有角，即没有角性，有角性的都不是马，或者说有角性的都是马的矛盾物。这是针对 VS-C. 3.1.10 的“非公认”的譬喻。

在“此物是牛”的所立中，有角性是不确定的，因为所立及其对立者都有遍充性。[①]

“等”一词，是不可说的集合的意思。在“兔子有角”的所立中，有角性是不成立的，因为在命题中不存在。[②]

以上，这就是所说的（譬喻）。

3. 认识的证明

此外，

VS-C. 3.1.13 由我、感官、意、对象的接触产生的（认识）是另一个（因）。

VS-U. 3.1.18 由我、感官、对象的接触产生的（认识）是另一个（因）。

由四者（我、感官、意、对象）的接触产生的称为“认识”的果，是另一个证明“内我”存在的因。

认识观待于和合因，因为是果性的，就像瓶一样。[③]

4. 身体的证明

VS-C. 3.1.14 在“个我”中被看见的流转与坏灭，是他者的相状。

VS-U. 3.1.19 在“个我”中被看见的流转与坏灭，是他者的

---

① 这是针对 VS-C. 3.1.11 中的“犹豫”的譬喻。

② “兔子有角”是针对 VS-C. 3.1.11 中的“非存在”的譬喻。

③ 这是一个完整的“三支”论式，（1）宗：认识观待于和合因；（2）因：因为是果性的；（3）喻：就像瓶一样。

相状。

“个我”就是身体。在身体中被看见的流转与坏灭，可以推理出“我”。

身体由具内在努力者所支配，因为随着善恶而流转与坏灭，就像瓶一样。[①]

第二节　意与我

1. 意的特性

已经阐述了“我、感官、意、对象的接触是认识的因”。为了证明此而解释“意”。

VS-C. 3.2.1 我、感官、对象接触时，认识的有无是意的相状。

VS-U. 3.2.1 我、感官、对象接触时，认识的有无是意的相状。

我、感官、对象接触时，因为没有它，认识就不产生。而有它的时候，（认识）就产生，这就是意。这样，认识的产生和不产生就是意的相状。

（意的）性质是数、量、别体、合、离、远、近、潜在动力。

VS-C. 3.2.2（意的）实体性和恒常性由风解释。

VS-U. 3.2.2 它的实体性和恒常性由风解释。

就像因为无实体性，以极微为自性的风是实体性和恒常性的。意也同样。

---

① 这是一个完整的三支论式，（1）宗：身体由具内在努力者所支配；（2）因：因为随着善恶而流转与坏灭；（3）喻：就像瓶一样。

VS-C. 3.2.3 因为内在努力非同时产生，还因为认识非同时产生，所以意是一。

VS-U. 3.2.3 因为内在努力非同时产生，还因为认识非同时产生，所以（意）是一。

“在许多作为果的认识对象中，内在努力或者认识都不是同时显现的”，由此，因为内在努力和认识都是非同时的，所以意是“一、依于一身、有质碍、无触、无分支、恒常、极小、极速转动”的。

2. 我的特性

VS-C. 3.2.4 “呼气、吸气、闭眼、睁眼、命、意活动、其他感官的变化、乐、苦、欲、瞋、内在努力”是我的相状。

VS-U. 3.2.4 “呼气、吸气、闭眼、睁眼、命、意活动、其他感官的变化、乐、苦、欲、瞋、内在努力”是我的相状。

因为是内在努力的结果，所以呼气、吸气、闭眼、睁眼、意活动是我的相状。因为是不可见力的结果，所以命（是我的相状）。因为从记忆产生，所以其他感官的变化（是我的相状）。[①]因为具有性质，所以乐等（是我的相状）。

存在于身体中的横向吹的风，即呼吸的运动，是内在努力的结果。因为以身体所摄取的风为对象时，（呼吸）变化，就像风箱所摄取的风的运动一样。

闭眼、睁眼的动作也是内在努力的结果。因为由“闭眼、睁

---

① “望梅止渴”是典型的“其他感官的变化是我的相状”的例子，看见梅子甚至听到“梅子”一词时，口中（舌等其他感官）就有唾液产生。

眼的动作”一词来表述，就像木偶的闭眼、睁眼的动作一样。

观待于不可见的意与我的结合，就是命，作为结果的身体成长等也是命，身体是由具内在努力者所支配的。因为是成长、治愈损伤、老坏的因，就像老房子一样。

相对于其他感官的意的进行就是“意活动”，是内在努力的结果。因为是欲望与场所相结合的因，就像球的运动一样，那是童子内在努力而成的。

看见色形、显现潜在动力、记忆味、内在努力、意活动、舌与意结合、舌的变化，前者是后者产生的原因。但是，认识（过程）却与此相反，根据从后往前的记忆，“我”被推论出来。

一个人的感官的记忆不存在其他的对象中。（记忆）不是身体的部分，因为（记忆）根据状况的不同而有变化。

乌底耶塔卡罗（Udyotakara / Uddyotakara）说：“提婆达多的色、味、香、触的观念的因是一又是多，因为与‘我’的观念相结合，就像许多经验丰富的人（看到）一个舞者收眉时会同时（产生）多种观念。”[①]

此外，乐等观待于有性质者，是性质的缘故，就像色一样。

VS-C. 3.2.5（我的）实体性和恒常性由风解释。

VS-U. 3.2.5（我的）实体性和恒常性由风解释。

因为无实体性，就像以极微为自性的风一样，（我是）实体性

---

① 引文出自乌底耶塔卡罗著《正理广注》（*Nyāyavārttika*）1.1.10，意为：有关色、味、香、触的观念取决于“我”，不同的人有不同的“我”，那么对同一事物就会产生不同的观念或认识。

和恒常性的。

（反论者）说：

VS-C. 3.2.6“（这是）亚若达多”（的观念）存在于接触时，因为没有直接认识（我），所以（我的）可见的相状不存在。

VS-U. 3.2.6“（这是）亚若达多”（的观念存在）于接触时，因为没有直接认识（我），所以（我的）可见的相状不存在。

例如，眼睛与对象接触时，产生“这是亚若达多”的直接认识，但不产生“呼气等、乐等的结合就是这‘我’”的认识。

由此，（如果说：）“为什么呼气等不可见的结合是我的相状？”则答：呼气等不是（我的）可见的相状。

VS-C. 3.2.7 还因为普遍可见，所以无差别。[①]

VS-U. 3.2.7 还因为普遍可见，所以无差别。

“呼气等无因之物和乐等无所依之物是无生的，由此，这些又如何需要因和依止处来产生？”也就是说，因为不能排除普遍可见的虚空等，所以（与虚空）无差别，即因为（虚空）也能成为这些（呼气等的）因。

VS-C. 3.2.8 因此，（我存在）是传承之说。

VS-U. 3.2.8 因此，（我存在）是传承之说。

---

① 反论者的意思是：“我”不是产生呼气等的原因，因为虚空等与“我”没有差别，那么虚空等也可以是产生呼气等的原因，所以不能用呼气等来证明“我”的存在。

“我存在”即“只是言说”的意思。[①]

（论主回答）：不是这样的。

VS-C. 3.2.9 因为“我”一词的排他性，所以不是传承之说。

VS-U. 3.2.9 因为“我”一词的排他性，所以不是传承之说。

因为“我”一词与不同于地等的作为实体的我的对象是同格关系，所以说“我有呼气等”“我有乐等”。

由此，因为呼气等（是我存在的）相状，所以（我存在）不是传承之说。

（反论者）说：

VS-C. 3.2.10 此外，如果说“我是提婆达多”“我是亚若达多”是可见的直接认识的话（，呼气等就不是我的相状）。[②]

VS-U. 3.2.10 此外，如果说“我是提婆达多”“我是亚若达多”是可见的直接认识的话（，呼气等就不是我的相状）。

VS-U. 3.2.11 我的相状是可见的话，因为确定性，就只有一种对应关系，就像直接知觉一样。

事实上，如果说“我是提婆达多”“我是亚若达多”这种可见的直接认识存在于我中的话，那么“我”一词就应该符合我的表

---

① VS-C. 3.2.6—8 的反论者很可能是佛教徒。参见宮元啓一:『ヴァイシェーシカ・スートラ』，臨川書店，2009，第 111 页。

② 可见的直接认识：根据看见的对象（如名为“提婆达多”或“亚若达多”的人）而产生的认识，即看见事物而形成的认识。这句经文是反论者为了否定前一句中的“呼气等是我的相状”提出的。

述性。同时，因为与表述身体的“提婆达多”一词是同格关系，所以“我”一词也是身体的表述。

因此，呼气等、乐等不是我的确定的因。

（反论者）问：“‘提婆达多’一词为什么（指）向身体？”回答：

VS-C. 3.2.11 所谓“提婆达多行走”和“毗湿奴蜜多罗行走”，由于是假说，所以是对身体的直接认识。

VS-U. 3.2.12 所谓“提婆达多行走”和“亚若达多行走”，由于是假说，所以是对身体的直接认识。

VS-U. 3.2.15 所谓“提婆达多行走”由于是假说乃至自慢，所以是我执的、对身体的直接认识。

因为和表现行走的“走”（gacchati, √gam）一词相结合，所以“提婆达多”一词是表现身体的语词，因为“我”不可能行走。

因此，“我”一词也只（指）向身体，因为与“提婆达多”一词同时被认识。①

（论主回答：）不是这样的。

VS-C. 3.2.12 然而，假说是不定的。

VS-U. 3.2.13 然而，假说是不定的。

VS-U. 3.2.16 然而，假说是不定的。

---

① 先考察“提婆达多行走”，再分析“我是提婆达多”，把这两句话结合从而得出“我”只是表示身体的用词、不能用来证明有另一个“我”（ātman）存在。

因为与“提婆达多”一词是同格关系，所以这（指）向身体的“我”一词是假说这种就是犹豫不定。如果身体是我的辅助，那么“我”一词是表述我的方便用法还是真实地表述身体？因此，“我”一词（指）身体还是我，不是确定的。

（论主）说：在自宗[①]中是确定的，

VS-C. 3.2.13 因为“我”存在于内我中、不存在于他处，所以是对他者的直接认识。

VS-U. 3.2.14 因为“我”存在于内我中、不存在于他处，所以是对他者的直接认识。

“在内我中”就是“在我中”，“在他处”就是“在身体中”。

如果“我”一词是身体的表述，那么当那个身体存在的时候，像“提婆达多”这样的词就可以和所有（身体）相结合。

但（事实）不是这样的。因此，“我”一词是对他者，即对我的直接认识。

（反论者）说：“因为就像（表述）身体时，（‘我’一词表述）我时也不被他者所用，所以不应是（对我的认识）。”对此，回答：

VS-C. 3.2.14 然而，与身体不同的是，对“亚若达多”和“毗湿奴蜜多罗”的认识没有不同。

VS-U. 3.2.17 然而，与身体不同的是，对“亚若达多”和“毗湿奴蜜多罗”的认识不是对象。

---

① 自宗：胜论派自己的学说体系。

VS-U. 3.2.18 所谓“我”，通过直观与推理（证明存在），就像声一样，因为与他物无关的确定性，因为特殊的成立性，不是（吠陀）圣典（证明的）。

例如，因为属于“亚若达多”和“毗湿奴蜜多罗”的不同身体被看见，但我们不产生关于他们的乐等的认识。同样，由“我”一词所表示的、属于他们（亚若达多和毗湿奴蜜多罗）的“我”的意识也不被我们所认识。[①]

一方面，（“我”一词）是身体的表述的话，就像所看见的身体用“提婆达多”一词表示，同样这（我）也应被表示出来，但（事实）不是这样的。因此，（“我”一词）不（表述）身体。

另一方面，因为存在于我中，不为他者所用。

这样，因为与“我”一词是同格关系，所以乐等就是我的对象，而且呼气等就是其因相。

（反论者）说：

VS-C. 3.2.15 因为乐、苦、认识的产生没有差别，所以我是一。

VS-U. 3.2.19 因为乐、苦、认识的产生没有差别，所以我是一。

例如，因为有的相状没有差别，而且因为不存在特殊的相状，所以有就是一。[②] 同样，因为乐、苦、认识的产生没有差别，而且因为不存在特殊的相状，所以我是一。

---

① 我们感受不到亚若达多和毗湿奴蜜多罗的苦乐，同理，我们也就无法认识到他们的“我”。

② 参见 VS-C. 1.2.18。

（论主答：）不是这样的。

VS-C. 3.2.16 由于各人的不同状态，（我）是多。

VS-U. 3.2.20 由于各人的不同状态，（我）是多。

某人具有乐等的时候，因为其他人没有这（乐等），所以根据这各人的不同状态，我是多。

VS-C. 3.2.17 此外，根据圣典的权威性（我是多）。[①]

VS-U. 3.2.21 此外，根据圣典的权威性（我是多）。

“欲求村庄的人应该祭祀”“欲求升天的人应该祭祀”，由此，根据圣典的权威性，我是多。

这（我）的特殊诸性质是觉、乐、苦、欲、瞋、内在努力、不可见力、潜在动力。

另一方面，其他（性质）还有数、量、别体、合、离。

① 圣典：主要指吠陀。

第四章　实体之三

第一节　实体的特性

这样，说明了诸实体之后，将分别相应地解释其中的恒常性、可感知性和不可感知性。

1. 恒常性与非恒常性

VS-C. 4.1.1 存在且无因者是恒常的。

VS-U. 4.1.1 存在且无因者是恒常的。

根据那“因为无实体性”[1]，存在且不具有因的极微等被认为是恒常的。

另一方面，就可感知性来说，

VS-C. 4.1.2 果是它的相状。

VS-U. 4.1.2 果是它的相状。

“它的”意为“极微等的”，即使对于不被诸感官所把握者来

---

① 参见 VS-C. 2.1.11。

说，身体、元素等果是相状。

为什么？

VS-C. 4.1.3 因为有因，所以有果。

VS-U. 4.1.3 因为有因，所以有果。

因为作为果的衣服等由作为因的丝等产生，由此因是果的先行者，所以果是因的相状。

VS-C. 4.1.4 此外，“非恒常”是（恒常）的特殊否定状态。

VS-U. 4.1.4 此外，“非恒常”是（恒常）的特殊否定状态。

事实上，当说“一切果是非恒常”的时候，通过对这恒常的、作为对象的果的特殊否定，“因是恒常的”就被认识了。

2. 可知性与不可知性

VS-C. 4.1.5 此外，不可知性。

VS-U. 4.1.5 不可知性。

“不可知性”即极微的超越感官性是不可把握的，这也否定了非恒常性。也就是说，存在于不可见之对象中的非恒常性能被谁把握？

因此，不能说（极微）是非恒常性的。

如果问：“可知性如何？”（答：）

VS-C. 4.1.6 因为多实体性，还因为色，所以粗大物是可感知的。

VS-U. 4.1.6 因为多实体性，还因为色，所以粗大物是可感知的。

在以大性为量而和合的实体中，因为作为和合因的实体是多数的，还因为白等色，所以认识产生。

这是为什么？因为，

VS-C. 4.1.7 无实体性，所以极微是不可感知的。

VS-U. 缺

即使色存在的时候，极微因为没有作为和合因的实体，所以是不可感知的。

VS-C. 4.1.8 因为没有色的潜在动力，所以风是不可感知的。

VS-U. 4.1.7 即使实体性和大性存在时，因为没有色的潜在动力，所以风是不可感知的。

即使多实体性和大性存在的时候，因为没有称为“色”的潜在动力，所以风是不可感知的。

因为特殊的多实体性不被认识，所以即使“三极微”也是不可感知的，这是成立的。

色如何？

VS-C. 4.1.9 因为与以多实体（为所依的）实体和合，还因为特殊的色，所以是可感知的。

VS-U. 4.1.8 因为与多实体和合，还因为特殊的色，所以色是可感知的。

因为和合于大性的、多实体（性）的瓶等实体，与作为性质的色和合；还因为特殊的色，即因为称为“色性”的同和异；所以（色）是可感知的。[①]

---

① 参见 VS-C. 8.9。

VS-C. 4.1.10 对味、香、触的认识由此解释。

VS-U. 4.1.9 对味、香、触的认识由此解释。

“由此”即根据前面所说的（色的）道理，因为与以多实体（为所依的）实体和合，还因为味性等的同和异，所以味等是可感知的。

VS-C. 4.1.11 因为（极微中）不存在那（和合），所以没有矛盾。

VS-U. 4.1.10 因为（极微中）不存在那（和合），所以没有矛盾。

因为极微色不与以多实体（为所依的）实体和合，所以是不可感知的。由此，（这和）与以多实体（为所依的实体）和合的色是可感知的，是没有矛盾的。

VS-C. 4.1.12 数、量、别体、合、离、近、远、运动，由于与有色实体和合而是眼可见的。

VS-U. 4.1.11 数、量、别体、合、离、近、远、运动，由于与有色实体和合而是眼可见的。

“有色（实体）”是被（色性）限定了的有色者。

因为与适合可感知的有色（实体）和合，还因为（色性）自身的同和异，所以这些（数等）是眼可见的。

为什么？

VS-C. 4.1.13 因为在无色者中，无眼可见性。

VS-U. 4.1.12 因为在无色者中，无眼可见物。

因此，存在于没有色的、大的、其他实体中的（数等）是不被认识的。

VS-C. 4.1.14 所有感官对“性质性”和“有”的认识由此解释。

VS-U. 4.1.13 所有感官对“性质性”和“有”（的认识）由此解释。

如此，在大（的实体）中，因为与多实体和合，所以结合的色等就是可感知的。[①] 同样，在与大（的实体）结合的诸性质中，因为与色等各个性质和合，所以结合的性质性的存在被眼等感官所感知。[②] 但是，同和异不是可感知的，因其非存在性。

另一方面，对于“有”来说，因为和合于实体，所以真性等同样通过各自的感官（被认识）。[③]

运动（是可感知的），因为和合的结合，就像性质一样。

第二节　身体的构成

现在，解释作为果的这些身体。其中，

1. 胎生

VS-C. 4.2.1 因为可感知物和不可感知物的结合是不可感知的，所以五（种元素构成的身体）是不存在的。[④]

---

① 参见 VS-C. 4.1.9。

② 参见 VS-C. 4.1.9—10。

③ 实体作为存在物通过与存在性和合才实现，所以各人的感官在感知实体的同时就感知到了“有性”，即真性（一性）。参见 VS-C. 2.1.28。

④ 五种元素：古代佛典一般译为“五大”，即地、水、火、风、（虚）空。

VS-U. 4.2.1 如前（所说）的地等作为果的实体有身体、感官、对象三种名称。

VS-U. 4.2.2 因为可感知物和不可感知物的结合是不可感知的，所以五（种元素构成的身体）是不存在的。

身体由地等五（种元素）构成的话，因为（地、水、火）三者是可感知性的、（风、虚空）二者是不可感知性的，所以就像具有这（五种元素）的结合是不可感知的；同样，身体（也）应该是不可感知的，因为由可感知物和不可感知物构成。但是，因为（身体）是可感知性的，所以我们认为“（身体）不是由五（种元素）构成的”。

（反对者：身体）由可感知的（地、水、火）三者构成。

VS-C. 4.2.2（论主：）而且，因为其他的性质不显现，身体也不由（地、水、火）三者（构成）。

VS-U. 4.2.3（论主：）而且，因为其他的性质不显现，身体也不由（地、水、火）三者（构成）。

（身体）由地、水、火构成的话，由于（地、水、火具有）不同特性的色等，在果（身体）中就会产生不同特性的色等的其他性质。但（事实）不是这样的，而是（在身体中）我们只感知到地性的色等。

因此，身体不是由三者（构成）的。

VS-C. 4.2.3 但是，五（种元素）的本性相互结合不被否定。

VS-U. 4.2.4 但是，原子的结合不被否定。

“本性”一词是“自性”（的意思），根据自性，即使五种元素的本性的相互结合也不被身体的产生所否定。

在地界的身体中，水等是结合而不是和合。在水界等中，只有由水等构成的非胎生的身体。为什么？

VS-C. 4.2.4 因为基于多场所。

VS-U. 4.2.5 其中，（地界的）身体有胎生和非胎生两种。

VS-U. 4.2.6 因为（非胎生的身体）基于不定的场所。

“多场所”就是诸极微。水（界）等的身体只由这些（极微）构成，不由精血（构成）。

2. 非胎生

另外，此（非胎生的身体）

VS-C. 4.2.5 因为特殊的法。

VS-U. 4.2.7 还因为特殊的法。

只有观待于特殊的法的诸极微才能构成（非胎生的）身体，而不是精液等。也就是，为什么具有福德者的身体应该由精液等构成。

此外，

VS-C. 4.2.6 因为特殊的果。

VS-U 缺

因为根据称为蝗虫等身体的特殊的果，所以我们认为非胎生是存在的。

此外，

VS-C. 4.2.7 因为存在语源说明。

VS-U. 4.2.8 还因为存在语源说明。

因为存在“火神从炭生”这样等的语源说明，所以我们认为非胎生是存在的。[①]

为什么？

VS-C. 4.2.8 因为称呼有开始。

VS-U. 4.2.9 因为称呼有开始。

那么，根据直接知觉，明白了炭生等的意义之后，“火神”等的称呼由人们制造出来。

由此，因为称呼有开始，所以语源说明也如理。

由此，

VS-C. 4.2.9 还因为吠陀的证明，所以非胎生是存在的。

VS-U. 4.2.10 非胎生是存在的。

VS-U. 4.2.11 还因为吠陀的证明。

还因为“月天子从意生”等的吠陀的证明，所以非胎生的特殊的身体是存在的。

同样，水（界）等身体只是非胎生的。

另一方面，地界的（身体）是胎生和非胎生的。

---

① 梵文 aṅgira（火神）和 aṅgāra（炭火）同源。

第五章　运动

第一节　身体及其相关运动

如上，解释实体时，因为略有提及，现在跳过性质，说明运动。其中，

1. 手和杵的运动

VS-C. 5.1.1 手上的运动从“与我结合”和“内在努力”（产生）。

VS-U. 5.1.1 手上的运动从“与我结合”和“内在努力”（产生）。

因为内在努力以与自所依的结合为前提条件，所以运动产生时，我与手的结合就是运动的因。

因为结合以能有所作为前提条件，所以内在努力也是（运动的）因。

由此，手上的运动从二者（产生）。

VS-C. 5.1.2 同样，杵的运动也从与手的结合（产生）。

VS-U. 5.1.2 同样，杵上的运动也从与手的结合（产生）。

“同样”的意思是：只是类推的结论；据此，杵的运动的因是

手与杵的结合以及前面所说的内在努力。但是，我与手的结合在杵的运动中不是“非和合因”，因为只要（杵）和与我相关的手相结合，那（杵的运动）就成立。

VS-C. 5.1.3 撞击产生的杵的运动中，因为分离，所以（杵）与手的结合不是因。[①]

VS-U. 5.1.3 撞击产生的杵上的运动中，因为分离，所以（杵）与手的结合不是因。

“撞击”就是与有速力的实体相结合。由撞击臼产生杵的（反弹）上跳运动中，手与杵的结合不是因。因为先前的内在努力已经由于撞击消失了，（而且）因为不存在“杵作为实体应该上跳”的欲求，（即）没有其他的内在努力。

此外，由结合形成性质、运动的时候，因为（结合）以能有所作为前提条件，所以缺乏内在努力的手与杵的结合不是（杵）上跳的因。

VS-C. 5.1.4 同样，手和杵的运动中，与我结合（不是因）。

VS-U. 5.1.4 同样，手的运动中，与我结合（不是因）。

就像在杵的上跳运动中，手与杵的结合不是因。同样，我与手的结合也不是手的上升运动的因。

---

① 在“手拿杵击打臼、杵受力反弹上跳”这一过程中，“手拿杵击打臼”是 VS-C. 5.1.2 说明的情况，即杵的击打这一运动是由“与手的结合”以及“想要击打”这一内在努力形成的。而“杵受力反弹上跳”则没有“与手的结合”参与其中，而且“想要击打”这一欲求也已经完成，因而也就没有内在努力参与其中。因此，VS-C. 5.1.3 解释的“杵受力反弹上跳”这种运动不同于 VS-C. 5.1.2。

因为结合以能有所作为前提条件，而且因为不存在“手和杵一起上升”的意愿，（即）因为没有内在努力。

如果问：“两者（手和杵）如何上跳？”（答：）

VS-C. 5.1.5 另一方面，手上的运动从杵撞击、（手）与杵结合（产生）。

VS-U. 5.1.5 手上的运动从撞击、（手）与杵结合（产生）。

撞击臼是杵的上跳运动的因。

另一方面，手与杵的结合，以依存于杵的速力为前提条件，是手的（上升）运动的因；由于非和合性，[①]（杵臼）撞击不是（手的上升运动的因）。

VS-C. 5.1.6 同样，我的运动从与手的结合（产生）。

VS-U. 5.1.6 此外，我的运动从与手的结合（产生）。

所谓“我”是身体的一部分。就像手和杵中的无内在努力的运动，同样，因为手与（身体）的部分结合，以依存于手的速力为前提条件，所以手上升的时候，在那（身体的）部分中产生无内在努力的运动。

VS-C. 5.1.7 没有结合的时候，因为重性，（杵的）下降运动（产生）。

---

① 非和合性：又可译为“非内在结合性”，意思是撞击不是内在于手的，撞击是内在于杵的，所以撞击不是手的上升运动的因，但是杵的上升运动的因。

VS-U. 5.1.7 没有结合的时候，因为重性，（杵的）下降运动（产生）。

由于分离，（即）手与杵的结合消失时，因为重性，（杵的）下降运动产生。

VS-C. 5.1.8 因为没有特殊的击打，所以（杵的）向上和水平移动不（产生）。

VS-U. 5.1.8 因为没有特殊的击打，所以（杵的）向上和水平移动不（产生）。

“击打”就是“它（杵）被击打”，以速力和内在努力为动力因，是特殊的结合。因为没有促进（运动）的内在努力的话，就没有击打，所以仅仅因为重性，杵等的向上或水平移动的运动不会产生。

特殊的击打是什么？

VS-C. 5.1.9 由特殊的内在努力（产生）特殊的击打。

VS-U. 5.1.9 由特殊的内在努力（产生）特殊的击打。

“这里，我击打它！”的特殊的欲求产生，就是内在努力产生。手等的实体与其他实体相结合产生所谓“击打”。

VS-C. 5.1.10 由特殊的击打（产生）特殊的向上运动。

VS-U. 5.1.10 由特殊的击打（产生）特殊的向上运动。

由想要远处之物的欲求所限定的内在努力产生的特殊的击打，产生远处之物的移动。

2. 胎儿的运动

VS-C. 5.1.11 胎儿的运动由手的运动解释。

VS-U. 5.1.11 胎儿的运动由手的运动解释。

胎儿的胎动等运动，由（胎儿的）我与（胎儿）身体的一部分相结合、以基于命的内在努力为动力因而产生，是有意识的（运动）。

母亲在不净处的分娩运动，由胎儿的我（与母亲的身体）相结合、以不可见力为动力因而产生，是无意识的（运动）。

3. 火烧者的运动

VS-C. 5.1.12 同样，被火所烧者的挣扎（由手的运动解释）。

VS-U. 5.1.12 同样，被火所烧者的挣扎（由手的运动解释）。

意专注（他物）的时候，那被火烧的手等的摇摆，也由我与手的结合、以基于命的内在努力为动力因而产生，不是无意识的（运动）。

4. 睡者的运动

VS-C. 5.1.13 没有内在努力时，由于重性，睡着的（肢体）下落。

VS-U. 5.1.13 没有内在努力时，睡着的（肢体）摇动。

没有控制身体的内在努力时，睡着的肢体由于重性产生下落（运动），因为那时没有目的欲。

5. 草的运动

VS-C. 5.1.14 草的运动从与风的结合（产生）。

VS-U. 5.1.14 草中的运动从与风的结合（产生）。

从以速力为动力因、风与草的结合，草等的运动（产生），因为它们没有内在努力。

6. 宝珠和铁针的运动

VS-C. 5.1.15“牟尼宝珠的移动、针的靠近”是由不可见力造成的。

VS-U. 5.1.15 牟尼宝珠的移动、针的靠近以不可见力为原因。

牟尼宝珠向着盗贼移动、针向着磁石（移动）是法和非法的所作的意思。[①]

7. 箭的运动

VS-C. 5.1.16 在箭中，非同时的特殊结合是运动各有不同的原因。

VS-U. 5.1.16 在箭中，非同时的特殊结合是运动各有不同的原因。

由击打（产生箭的）最初的运动，由于潜在动力[②]，多种运动在箭中产生。

另一方面，如果是一种运动的话，由于只与虚空结合的最初（的运动的）消亡性，后来的结合与分离的运动就不会产生了。因

---

① 不可见力：分为“法”和“非法”两种。参见 C ad VS. 1.1.5。

② 潜在动力：相当于“惯性”，意思是箭受力之后由于惯性继续飞行直至完成射中他物等运动。

此，箭中的运动是多。[①]

VS-C. 5.1.17 由击打（产生）箭的最初的运动，由已成运动（产生）的潜在动力（产生）后来的（运动），再后来的（运动）也同样。[②]

VS-U. 5.1.17 由击打（产生）箭的最初的运动，由已成运动（产生）的潜在动力（产生）后来的（运动），再后来的（运动）也同样。

弦与箭结合、以内在努力为动力因或者以弦动时的速力为动力因（产生）击打；然后，以击打为动力因，箭的最初的运动产生潜在动力（如惯性）；但是，结合与分离不是动力因。

因此，由于结合，运动消失；由于分离，击打消失；（箭的）最初的运动产生的潜在动力造成后来的箭的运动。

“再后来的（运动）也同样”是反复进行的意思。

VS-C. 5.1.18 没有潜在动力的话，由于重性，（箭）下落。

VS-U. 5.1.18 没有潜在动力的话，由于重性，（箭）下落。

因为与具有触的实体相结合，由于潜在动力消失，重性造成那（箭的）下落运动。[③]

---

① 这里是分析箭从一开始发射、到空中飞行、再到最后落在对象物上的一个完整的动态过程。

② 箭最初的运动是由弦与箭结合（击打）产生的，即箭外射这一瞬间运动。箭一旦离开弦外射的时候，箭就与虚空相结合，箭最初的外射运动也就同时消亡了。此外，箭一旦外射，弦就与箭相分离，那么作为弦与箭结合的击打运动也同时消失。箭一旦外射之后的继续飞行乃至最后射中等运动，都由最初的击打（弦与箭结合）产生的潜在动力（如惯性）造成。

③ 例如，飞行的箭撞到墙（具有触的实体），由于重力箭就下落了。

第二节　元素与意的运动

说明了身体及结合于其中的运动之后，就解释元素的运动。

1. 地的运动

VS-C. 5.2.1 地的运动从击打、碰撞以及结合的结合（产生）。

VS-U. 5.2.1 地的运动从击打、碰撞以及结合的结合（产生）。

“从击打（产生）”是以全部或部分的重性、流动性、速力、内在努力为前提条件的特殊的结合。因为移动是不分离的原因，所以击打是（地的）运动的因。例如，脚等的移动产生称为泥土的地的运动。

“从碰撞（产生）”是以速力为前提条件（的特殊的结合），正被冲击是分离的原因，（所以）作为结合的碰撞是（地的）运动的因。例如，某一地块上的运动被看见由车等的碰撞（产生）。

此外，“从结合的结合（产生）”是在“正移动”与“正被冲击”相结合时产生（地的）运动。[①]

VS-C. 5.2.2 这（地震）由特殊的不可见力造成。

VS-U. 5.2.2 这（地震）由特殊的不可见力造成。

实际上，为了给人们指示善恶，所有大地中的地震等运动从与相反方向运动的风的结合产生，这正是给所有人指示善恶的特

---

① “正移动”和“正被冲击”两者本身都是结合的结果，两者的结合就是“结合的结合”。

殊的不可见力造成的。

2. 水的运动

VS-C. 5.2.3 没有结合时，由于重性，雨水的下落（产生）。

VS-U. 5.2.3 没有结合时，由于重性，雨水的下落（产生）。

没有保持（不下落）的风和云的结合时，由于重性，雨水的下落运动产生。

VS-C. 5.2.4 这由特殊的不可见力造成。

VS-U 缺

为了谷物的成长或消亡，由所有人的不可见力产生的（雨水的）下落运动就是所谓“不可见力造成”。

VS-C. 5.2.5（水的）流动从流动性（产生）。

VS-U. 5.2.4（水的）流动从流动性（产生）。

因为没有保持者，所以水的流动运动从流动性产生。

VS-C. 5.2.6（水的）上升从日光与风的结合（产生）。①

VS-U. 5.2.5（水的）上升从日光与风的结合（产生）。

“日光”就是太阳神的光。太阳神有两种光，即清澄光和白光。清澄光被水吸收，白光起促进（谷物生长等）作用。

从称为清澄光的日光与风的结合、以太阳神的内在努力为前提条件，（水的）上升（产生）。

① 水的上升运动：如水蒸气。

VS-C. 5.2.7 此外，从击打、挤压以及结合的结合（上升）。

VS-U. 5.2.6 此外，从击打、挤压以及结合的结合（上升）。

由于击打，（水）通过不同的棍杖等上升。由于挤压，（水）通过衣服等（上升）。此外，挤压时和击打时的结合（就是结合的结合）。

VS-C. 5.2.8“（水）在树中的传输”由不可见力造成。

VS-U. 5.2.7“（水）在树中的传输”由不可见力造成。

在树根浇洒的水往树的上方流走，是由不可见力引起的。

VS-C. 5.2.9 水的凝固和融化是因为火的结合。[①]

VS-U. 5.2.8 水的凝固和融化是因为与火结合。

水的凝固即固态化，是因为与天火的结合。而（水的）融化是天地（与火的结合）。

VS-C. 5.2.10 其中，雷鸣是标记。

VS-U. 5.2.9 其中，雷鸣是标记。

“火存在于天水中”在这里的意思是，雷鸣是从云发出的火的标记。

VS-C. 5.2.11 此外，吠陀圣典（是证明）。

VS-U. 5.2.10 此外，吠陀圣典（是证明）。

此外，“多彩事物孕育火胎”的吠陀圣典的表述[②]，也是天水中（有）火的证明。

---

① 水的凝固：如冰雹、雪；水的融化：如雨。

② 吠陀引文出处不明。

VS-C. 5.2.12 雷鸣从水的结合与分离（产生）。

VS-U. 5.2.11 雷鸣从水的结合与分离（产生）。

“雷鸣”是云发出的电光之声。

（雷鸣）声从相反方向运动的两阵风（引起）的、正如波浪翻滚的水的称为“相互击打”的结合（产生）。

（雷鸣）声也从一阵猛吹的风（引起）的、正被截断的水的分离（产生）。

3. 火和风的运动

VS-C. 5.2.13 火的运动和风的运动由地的运动解释。

VS-U. 5.2.12 火的运动和风的运动由地的运动解释。

就像地的运动从击打、碰撞、结合的结合、不可见力（产生），火和风（的运动）也同样。这是非恒常的运动。

另一方面，恒常的是：

VS-C. 5.2.14“火的焰的上升、风的水平吹、极微和意的最初的运动”由不可见力造成。

VS-U. 5.2.13“火的焰的上升、风的水平吹、极微和意的最初的运动”由不可见力造成。

火静止或者水平行进的话，被烧之物不会变成灰或者水蒸气。

同样，风不是水平行进的话，应纯净的实体就没有被净化，而且火不会被点燃。

对于身体已经消亡的“我”来说，世界创始时，在地等的极微中最初相互接触的运动是不存在的。同样，对于达到境地、凭借以劫尽为意图的内在努力、使意超越身体而安住的瑜伽师来说，世界创始时，为了与新的身体相结合，不可见力不存在的话，意的最初的运动不存在。

因此，火的焰的上升、风的水平吹、极微的（最初的）接触运动、意的最初的运动，这些都由有命者的不可见力造成。

4. 意的运动

VS-C. 5.2.15 意的运动由手的运动解释。

VS-U. 5.2.14 意的运动由手的运动解释。

就像手上的运动从与我的结合以及内在努力（产生），同样，意的运动从意与我的结合以及内在努力（产生），这是具有身体的人的运动。

其中，对于觉醒的人来说，（意的运动）从基于欲、瞋的内在努力（产生）；另一方面，觉醒时刻，（意的运动）从基于生命活动（的内在努力产生）。

5. 瑜伽与轮回、解脱

由此，瑜伽是结合，它也是运动的果。因此，运动是瑜伽的部分。瑜伽和解脱在有关运动的（这一）章节也应被论述：

VS-C. 5.2.16 乐和苦从我、感官、意、对象的接触（产生），这是无始的。

VS-U. 5.2.15 乐和苦从我、感官、意、对象的接触（产生）。

由此，乐和苦从作为因的我、感官、意、对象的接触，由认识的能作性产生，所以这是无始的。那接触之物的无始就是所说的“无生”的意思。

也就是，

VS-C. 5.2.17 意安住于我时，身体的乐苦不存在，这就是瑜伽。

VS-U. 5.2.16 这是无始的，意安住于我时，身体的苦不存在，就是瑜伽。

即意安住于我而不是各感官的时候，由于（我、感官、意、对象）四者的接触的无始，那作为果的乐苦没有色形；存在于身体中的我，以对气息的抑制为前提条件，意与我的结合就是瑜伽。

（问：）为什么不说气息的暂停运动是瑜伽的部分？（答：）

VS-C. 5.2.18 我的运动由身体的运动解释。

VS-U 缺

这里，“我”一词就是“气息”。

手上的运动从与我的结合以及内在努力（产生）。同样，气息的暂停运动从气息与我的结合以及内在努力（产生）。

VS-C. 5.2.19 “退出、进入、与吃喝物的结合、与其他果的结合”由不可见力造成。

VS-U. 5.2.17 “退出、进入、与吃喝物的结合、与其他果的结合”由不可见力造成。

死亡时刻，意从先前的身体出来，就是“退出”；与其他的身体相结合，是意的“进入”。

从精液和血开始，住于母胎的（意）与进入脐带的母亲的营养相结合，就是“与吃喝物的结合”。

在只有一次的轮回中，（意）与膜、胞、皮肉、肉团、坚肉、肢体等相结合，就是“与其他果的结合”。[①]

这些“退出”等只由不可见力造成，不由内在努力（造成）。

VS-C. 5.2.20 这（不可见力）不存在时，（意与我的）结合不存在，（身体）不产生，这就是解脱。

VS-U. 5.2.18 这（不可见力）不存在时，（意与我的）结合不存在而且（身体）不产生，就是解脱。

这样，作为色形之无始及退出等[②]原因的不可见力不存在时，称为生命活动的我与意的结合就不存在，而且其他的身体不产生，这就是解脱。

由于暗的覆障性，所有人的认识不产生的时候，暗是原因。而且，

VS-C. 5.2.21 因为不同于实体、性质、运动，所以暗只是无光。

VS-U. 5.2.19 因为不同于实体、性质、运动的生成，所以暗无自性。

因为消亡性不同于恒常的实体，因为无质碍性、无触性、被光所破坏不同于非恒常的实体，所以暗不是实体。而且，因为没有依止处，所以（暗）不是性质或运动。

因此，暗只是没有光。

---

① 古印度常把胎儿的发展分为五个阶段，分别是 kalala（膜）、arbuda（胞）、peśī（肉团）、ghana（坚肉）、praśākhā（肢体）。

② “无始”参见 VS-C. 5.2.16，“退出等”参见 VS-C. 5.2.19。

（问：）这是为什么？（答：）

VS-C. 5.2.22 还因为光被其他的实体所覆盖。

VS-U. 5.2.20 还因为光被其他的实体所覆盖。

太阳光等光，因为真正存在于外部，还因为不存在无其他实体覆盖的山洞等之中，所以我们认为"暗只是没有光"。

"外在的（暗）由灯等消灭，而以无知为本性的（内在的暗）由认识之光（消灭）。"

以上，就是所说的瑜伽和解脱。

6. 方位、时间、虚空的无运动

VS-C. 5.2.23 方位、时间、虚空等，因为不同于有活动者，所以是无活动的。

VS-U. 5.2.21 方位、时间、虚空等，因为不同于有活动者，所以是无活动的。

虚空、时间、方位是无质碍的，因为无质碍性不同于有活动的地等的特性，所以是无活动的。

"等"一词意为"我"也是无活动的。[①]

VS-C. 5.2.24 性质、运动等由此解释。

VS-U. 5.2.22 性质、运动等由此解释。

根据这种无质碍性，性质和运动的无活动应该被认识到。从

---

① 宮元啓一的译文似漏了"'等'一词意为'我'也是无活动的"一句，参见宮元啓一:『ヴァイシェーシカ・スートラ』，臨川書店，2009，第 157 页。

“等”一词，“同”等[①]的（无活动也应该被认识到）。

VS-C. 5.2.25 无活动者的和合被排除在运动之外。

VS-U. 5.2.23 无活动者的和合被排除在运动之外。

撞击等不产生运动的集合，是无活动的，因为（撞击）运动在自所依中产生。

VS-C. 5.2.26 另一方面，性质是非和合的因。

VS-U. 5.2.24 另一方面，性质是非和合的因。

所说的作为因的性质就是指非和合的因。[②]

VS-C. 5.2.27 方位由性质解释。

VS-U. 5.2.25 方位由性质解释。

方位是“向东行进”等不同观念的动力因（由性质）解释，依据因性而不是非和合性（获得）类推的结论。[③]

VS-C. 5.2.28 时间由因性（解释）。

VS-U. 5.2.26 时间由因性（解释）。

正根据那因性，方位是不同观念的原因得到了解释。正根据这（因性），时间是“同时所作”等不同观念的动力因得到了解释。

---

① “同”等：六句义中的“同句义”和“异句义”。

② 例如，丝的颜色是布的颜色的非和合因。

③ 类推的结论：根据“性质”的因性来类比推论出“方位”是“向东行进”等不同观念的动力因。

第六章　性质之一

第一节　法的特性

解释了运动之后，就要解释性质。

1. 吠陀的真实性

这里，首先解释法，因为在（本）论的开头，它被提到过了，[1] 吠陀圣典是它的证明。如果问："吠陀的真实性从何而来？"对此，（回答：）

VS-C. 6.1.1 吠陀之言的形成基于（大自在天）的智慧。

VS-U. 6.1.1 吠陀之言的形成基于（大自在天）的智慧。

"向往天界的人进行祭祀火神的仪式"这样的古老说法基于神圣的大自在天的智慧，这因而是权威的。因为从殊胜者（大自在天）所获得的真实是普遍性的，（所以吠陀是真实的）。

如果说："不可能认识超越感官的（事物）。"（回答：）

① 参见 VS-C. 1.1.1，《胜论经》以解释"法"开篇；C ad VS. 1.1.5，"法"是二十四种性质的一种。

VS-C. 6.1.2 仙人的相状也不为我们所认识。

VS-U 缺

“相状”是“事物由此被标记”，即认识。

因此，神圣者的认识就不是我们存在于当下的、被障覆的、以与事物的结合为对象的认识。

由此，神圣者产生以超越感官的事物为对象的认识。

这如何被知道？

VS-C. 6.1.3 譬如，对梵的命名的成立是证明。

VS-U. 6.1.2 对梵的命名的成立是证明。

没有（神圣者的）教示的话，观察与梵有关的对象后，我们的直接知觉不产生“这是梵”的知识。

观察可直接知觉的对象后，孩子等的命名就被认识到。[1] 由此，观察到可直接知觉的对象后命名，所以存在那些梵等的名称。

以上解释了经文的意义。

2. 布施与升天

VS-C. 6.1.4 布施基于认识。

VS-U. 6.1.3 布施基于认识。

因为吠陀等中的文章字句作品只是殊胜自在天的所作，所以这传承下来的布施等规定也与此有关，即基于观察了无数吠陀分

---

① 孩子等的世俗的、与梵无关的名字，由世人依据直接认识到的事物对象来命名。

支的不同经典之后、真正理解了要意的毘求[1]等（仙人）的认识。

如此，布施等规定是法的原因。

VS-C. 6.1.5 接受（布施）是同样的。

VS-U. 6.1.4 接受（布施）是同样的。

同样，对于生活窘困但出生清净、具足了接受（布施）应有之美德的人来说，接受（布施）也正是为了法而进行的。

VS-C. 6.1.6 两者的顺序就像互不为分支之物（的顺序）一样。

VS-U 缺

互不为分支之物就是互相不为因果之物。譬如，引火木不是火的因，而只是自己的分支，这就是引火木和火的顺序。

同样，这两者的前者是布施的法，后者是接受的法，但（两者）不是因果关系。

为什么？

VS-C. 6.1.7 因为其他"我"的性质不是"我"的性质的原因。

VS-U. 6.1.5 因为其他"我"的性质不是"我"的性质的原因。

也就是，属于其他人的"我"的性质不是另一些人的"我"的性质的原因。

这里，

① 毘求：bhṛgu 的音译，即毘求仙人，是婆楼那（Varuṇa）的儿子，七仙人之一，由最初的原人（Manu）创造。

VS-C. 6.1.8 从供养清净的（婆罗门）、同时唱诵（祝福语等）升天。[①]

VS-U 缺

供养了清净的婆罗门之后，从同时唱诵与之相关的祝福语等，人的升天（产生）。

“法是这（升天的）原因”的意思。[②]

VS-C. 6.1.9 供养污秽的（婆罗门）的话，那（升天）就是不可能的。

VS-U. 6.1.6 供养污秽的（婆罗门）的话，那（升天）就是不可能的。

即使也唱祝福等，供养污秽的婆罗门（的人）不可能获得升天。

那么，什么是污秽？

VS-C. 6.1.10 污秽在于伤害。

VS-U. 6.1.7 污秽在于伤害。

应该知道，在对其他人的伤害中，即当身、意具有痛苦的色形时，污秽产生。

“伤害”一词是（污秽的）一个标记。[③]

由此，

---

① 供养：bhojana，字面意思是“提供食物给（婆罗门）”。

② 参见 VS-C ad 1.1.6—1.1.7。

③ VS-C. 6.1.11 中的“交谈”是污秽的另一个标记。

VS-C. 6.1.11 从交谈（产生）污秽。

VS-U. 6.1.8 从他的交谈（产生）污秽。

只是因为与犯了大错误的人说话，都会与污秽结合，更何况供养（污秽的婆罗门）。

这里，“交谈”就是说话，（亦即）前面的唱祝福语等。

VS-C. 6.1.12 这（污秽）不存在清净（的婆罗门）中。

VS-U. 6.1.9 这（污秽）不存在清净（的婆罗门）中。

从交谈（产生）的污秽不存在远离伤害的婆罗门中，

即使在清净的（婆罗门）中，

VS-C. 6.1.13 殊胜者才有（以升天为目的的）行为。

VS-U. 6.1.10 然而，在殊胜者中有（以升天为目的的）行为。

不是在仅仅远离伤害等的（婆罗门）中，而是在方位、时间、智慧、修行都殊胜的婆罗门中，才具有以升天为目的的行为。

由此，

VS-C. 6.1.14 在普通人和卑劣者中没有（以升天为目的的）行动。

VS-U. 6.1.11 在普通人或卑劣者中没有（以升天为目的的）行动。

（完全）符合方位等的清净的婆罗门被认为是殊胜的。

符合其中（方位、时间、智慧、修行）的一种品质的是普通人，符合所有（品质）的是殊胜者。除此两类，其他的污秽的（婆罗门）、或者刹帝利等、或者单纯的生物，都被认为是卑劣者。

这里，根据曼陀罗，以毗舍佉[①]等为机缘，布施黄金等时，在普通人和卑劣者中，没有以升天为目的的行动，然而在殊胜者中却（有）。

3. 苦难法

VS-C. 6.1.15 从卑劣者、普通人、殊胜的有德者获取他物由此解释。

VS-U. 6.1.12 从卑劣者、普通人、殊胜的有德者获取他物由此解释。

根据与此相反的顺序，[②]苦难时的“获取他物”得到解释。也就是所说的：“根据品质，最初可从卑劣者获取；而这不存在时，可从普通人（获取）；而（普通人）不存在时，可从殊胜者获取。”[③]

4. 杀人与自杀

VS-C. 6.1.16 同样，可灭除敌对者。

VS-U. 6.1.13 同样，可灭除敌对者。

VS-U. 6.1.14 可灭除其他卑劣者。

因为，根据与此相反的顺序，被卑劣的敌对者把自己逼至死地的婆罗门可以杀死那些敌对者。

---

① 毗舍佉：vaiśākhya，满月夜的一种祭祀。

② 前文所讲的顺序是从高到低，即殊胜者、普通人、卑劣者，而“获取他物”则根据相反的顺序，即卑劣者、普通人、殊胜者的顺序。

③ 这句引文出自《摩诃婆罗多》12.141.40。VS-C. 6.1.15 及其注释讲的是婆罗门的“苦难法”（āpaddharma）：婆罗门在遭受饥馑等灾难、难以执行作为婆罗门的“法”（规定，dharma）时，为了维持生命，可以从比自己等级低的人那里取得残饭等，但这种行为在非苦难时是不被允许的；然后，在摆脱苦难的窘迫时，需要通过沐浴等把累积在身上的不净都去除。这种“苦难法”是只有婆罗门阶级才可以有的特权法。参见宮元啓一：『ヴァイシェーシカ・スートラ』，臨川書店，2009，第 169 页。

VS-C. 6.1.17 平等的人的情况，舍弃自己或灭除对方。

VS-U. 6.1.15 平等的人的情况，舍弃自己或灭除对方。

对于遇到与自己相等品质之敌对者的婆罗门来说，选择是舍弃自己或者杀死对方。

VS-C. 6.1.18 殊胜者的情况，舍弃自己。

VS-U. 6.1.16 殊胜者的情况，舍弃自己。

对于遇到超越自己品质之敌对者（的婆罗门）来说，为了与敌对者相应，应该舍弃自己。

这里，以自己为基准而说卑劣者等，获取（布施）时是基于受者们的相互比较。

第二节　升天与至福之法

如此，说明了从天启（圣典）、忆念（圣典）的教示产生法之后，现在为了确立法，解释这些（教示）的种种差别。

1. 升天之法

VS-C. 6.2.1（圣典中）可见的、有可见意图的行为，在可见（的意图）不存在时，使人升天。

VS-U. 6.2.1 就意图可见、不可见的（行为）来说，意图不可见时，使人升天。

天启圣典和忆念圣典中普遍可见的沐浴等行为，在与“除去污垢”等可见的（意图）不相关时，可以使人升天。①

这些（行为）是什么？

VS-C. 6.2.2 沐浴、断食、梵行、住师家、林栖、供养、布施、礼拜，以及（遵守）方位、星宿、曼陀罗、时间的规定，是为了不可见的（结果）。②

VS-U. 6.2.2 沐浴、断食、梵行、住师家、林栖、供养、布施、礼拜，以及（遵守）方位、星宿、曼陀罗、时间的规定，是为了不可见的（结果）。

依据特定的场所和时间，水与身体的结合是灌洗，即沐浴。

昼夜之中，基于戒律的不吃食物的生活形式是断食。

“梵”一词是“我”（的意思）；依梵而行是我和意结合、远离女人等的（生活）形式，即清净行。

希求知识等的、专心侍奉老师的人，安住在那（老师）家是住师家。

根据论典的教示，离开家、住在山林的人是林栖者，他的行为是林栖。

供养是焚烧祭祀。

布施是黄金等的布施和无畏布施。③

礼拜是朝夕薄明时向神祭拜等。

---

① 圣典中教示的沐浴等行为既可以达到“除去污垢”等可见的一般结果，也可以达到不可见的升天之结果。因此，在追求升天的时候要先把世俗可见的意图排除在外。

② VS-C. 6.2.2 补充解释了 VS-C. 6.2.1 中的“行为”的具体实践内容。“不可见的结果”就是升天。

③ 无畏布施：使人不产生畏惧，给人以安全感。

方位等的规定各有特点。方位的规定是“应该向东吃食”。

星宿的规定是“应该安置在昴宿中”。[①]

而曼陀罗的规定是“走着给神奉上供物”。

时间的规定是“春天时，应该给婆罗门火”。

如此，这一切都是可见的意图被排除而行为时应该获得的法。

其中，

VS-C. 6.2.3 四行期者，由欺伪（得非法）、由无欺伪（得法）。[②]

VS-U. 6.2.3 四行期者，由欺伪（得非法）、由无欺伪（得法）。

这四行期者的业报就是由欺伪的行为招致非法，另一方面由无欺伪（的行为）获得法。

什么是欺伪？

VS-C. 6.2.4 欺伪是情态有过错。

VS-U. 6.2.4 欺伪是情态有过错，无欺伪是（情态）无过错。

情态即心意，虚伪等过错就是“欺伪”的意思。

什么是无欺伪？

VS-C. 6.2.5（情态）无过失就是无欺伪。

VS-U. 6.2.4 欺伪是情态有过错，无欺伪是（情态）无过错。

心意没有虚伪等就是“无欺伪”的意思。

---

① 昴宿：二十八星宿之一。

② 四行期：婆罗门把人生分为四个阶段，也是婆罗门修行的四重经历：梵行期（brahmacārin）、住家期（gṛhastha）、林栖期（vānaprastha）、遁世期（sannyāsin）。

VS-C. 6.2.6 欲求的色、味、香、触，以及被灌洗的和被洒水的，是清净的。

VS-U. 6.2.5 欲求的色、味、香、触，以及被灌洗的和被洒水的，是清净的。

忆念（圣典）中不被禁止的色等是清净的，基于（唱诵后的）曼陀罗被灌洗的（是清净的），被纯洁的水喷洒的（是清净的）。与此相反是不净的。

此外，

VS-C. 6.2.7“不净”是清净的否定。

VS-U. 6.2.6“不净”是清净的否定。

而对绝对清净的否定也就是不净，如诽谤等。

VS-C. 6.2.8 还有其他事物（也是不净的）。

VS-U. 6.2.7 还有其他事物（也是不净的）。

此外，由眼见而被禁止的酒等也是不净的。由此，应该被享用的是清净（物）。

（反对者）说：

VS-C. 6.2.9 无节制者不可能因享用清净（物）而升天，因为没有禁制。

VS-U. 6.2.8 无节制者不可能因享用清净（物）而升天，因为没有禁制；或者，有节制者能够（因享用清净物而升天），因为（与无节制）不同义。

无节制的人，即缺乏特别的内在努力的人，偶尔享用清净的食物并不能升天，因为没有殊胜的心意。

（回答：）不是这样的。

VS-C. 6.2.10 而有节制者能够（因享用清净物而升天），因为（与内在努力）不是不同义。

VS-U. 6.2.8 无节制者不可能因享用清净（物）而升天，因为没有禁制；或者，有节制者能够（因享用清净物而升天），因为（与无节制）不同义。

有节制者不是缺乏内在努力的人，因为没有内在努力的话就没有任何行为，具有内在努力的人享用清净的食物能够（升天）。

（反对者：）如果内在努力占主导，那么即使没有瑜伽等也能够升天。（回答：）不是这样的。

VS-C. 6.2.11 还因为没有（瑜伽等）的话就没有（升天）。

VS-U. 6.2.9 还因为没有（瑜伽等）的话就没有（升天）。

没有瑜伽等实践的话，只有内在努力的人不能升天，因为（否则）所教示的（瑜伽等）行为就没有了意义。

2. 至福之法

现在，解释作为至福之原因的法。

VS-C. 6.2.12 从快乐（产生）贪欲。

VS-U. 6.2.10 从快乐（产生）贪欲。

贪欲从女人等对象产生的快乐获得增长。

VS-C. 6.2.13 因为由此形成。

VS-U. 6.2.11 还因为由此形成。

由那些快乐的原因所形成的这（人）的身体，就像由此（快乐）形成（贪欲）。

因此，“因为由此形成”，贪欲（产生）。

此外，

VS-C. 6.2.14 从满足（产生贪欲）。

VS-U 缺

为了滋养身体，满足产生的时候，以满足为目的的贪欲（产生）。

此外，

VS-C. 6.2.15 从不可见力（产生贪欲）。

VS-U. 6.2.12 还从不可见力（产生贪欲）。

有些人对未曾见过之物和无所助益之物产生贪欲。这里，不可见力才是原因。

此外，

VS-C. 6.2.16 还从不同的种类（产生）不同的贪欲。

VS-U. 6.2.13 还从不同的种类（产生）。

就像动物吃草等时一样，从不同的物种也（产生不同的）贪欲。

从快乐等（产生）贪欲，从痛苦等（产生）憎恶。[①] 由此，

---

① 憎恶：dveṣa，古代佛典一般译为“瞋”。

VS-C. 6.2.17 法和非法的行为以贪欲和憎恶为基础。

VS-U. 6.2.14 法和非法的行为以贪欲和憎恶为基础。

法的行为以贪欲为基础或者以憎恶为基础，即使是因炫富而被他人压制的人，也进行欲住村者（的祭祀等的法的行为）。

通奸等非法（的行为）也以贪欲和憎恶为基础。

这样，法和非法积集增长。

如上（所述），

VS-C. 6.2.18 由此，结合与分离（产生）。

VS-U. 6.2.15 由此，结合、分离。

法和非法积集增长的时候，产生的身、感官的结合称为“生”。而死亡的时候，即（法和非法）两者消失时，分离（产生）。

也就是说，“根据这样的法和非法，身体等的结合与分离（产生）”[①]，如此，无始以来这样的众生就像辘轳一样流转。

如果解释与此（轮回）相反的顺序，也就是说：

VS-C. 6.2.19 在我的运动中，解脱被解释了。[②]

VS-U. 6.2.16 在我的运动中，解脱被解释了。

“我”指“意”，在意的运动中，“这（不可见力）不存在时，（意与我的）结合不存在，（身体）不产生，这就是解脱”[③]。解脱被解释了。

---

① 参见 VS-C. 5.2.19。

② 参见 VS-C. 5.2.15。

③ 引自 VS-C. 5.2.20。

第七章　性质之二

第一节　五种性质

1. 色、香、味、触

现在，解释色等。

VS-C. 7.1.1 性质已说明。

VS-U. 7.1.1 性质已说明。

“色等（性质）已由经文解释过了”的意思。

VS-C. 7.1.2 性质的特性也已说明。

VS-U 缺

“根据‘依于实体’等（经文）[①]，（性质）不同于实体、运动已经被解释过了”的意思。

VS-C. 7.1.3 “此有此性质，彼有彼性质”也已说明。

VS-U 缺

---

① 参见 VS-C. 1.1.15。

也就是，已经解释过的“地具有色、味、香、触”等。[1]

其中，

VS-C. 7.1.4 因为实体的非恒常性，地中的色、味、香、触是非恒常的。

VS-U. 7.1.2 还因为实体的非恒常性，地中的色、味、香、触是非恒常的。

因为瓶等属于地的消亡性，即因为所依的消亡，向彼而在的色等也消亡。[2]

VS-C. 7.1.5 还因为与火结合。

VS-U 缺

还因为与火结合，地极微中的色等消亡；另一方面，正因为所依的消亡，结果中的集合者（消亡）。[3]

为什么正因为极微中（的色等）与火结合（而消亡）？

VS-C. 7.1.6 因为其他性质的显现。

VS-U 缺

因为不同于黑等性质的其他性质被产生，由此，前极微的性

---

① 参见 VS-C. 2.1.1。

② 作为实体的地是色等性质的所依，因为地是消亡性的，那么依附于其中的色等性质也是消亡性的，即非恒常的。

③ 结果中的集合者：地中的色等，这一“结果”是相对于“地极微中的色等”这一因来说的。

质就消亡了，因为在有性质者中产生了（其他）性质。[1]

VS-C. 7.1.7 据此，恒常中的非恒常性被解释了。

VS-U. 7.1.3 据此，恒常中的恒常性被解释了。

“据此”即根据其他性质的显现，在恒常的极微中，色等的非恒常性被解释了。（这）仅限于地的情况。

因为，

VS-C. 7.1.8 因为实体的恒常性，水、火、风中（的性质）是恒常的。

VS-U. 7.1.4 因为实体的恒常性，水、火、风中（的性质）是恒常的。

水、火、风的极微中的色等是恒常的，因为所依（极微）是恒常性的，还因为互相矛盾的其他性质不显现，并且不因为与火结合而消亡。

VS-C. 7.1.9 因为实体的非恒常性，非恒常中（的性质）是非恒常的。

VS-U. 7.1.5 因为实体的非恒常性，非恒常中（的性质）是非恒常的。

非恒常的水等中的色等是非恒常的，因为所依（水）消亡的

---

① 结合上文有关火的论述，这句话可以解释为：与火结合之前的做瓶的泥土是黑色的，黏土与火结合，即一旦被火烧，黑色的泥土就开始产生红色等其他的颜色；因此，因为与火结合，一开始的黑的性质就消亡了，取而代之的是产生的红等其他的性质。

话，这些（色等性质）也消亡。

VS-C. 7.1.10 地中的（性质）基于因的性质，而且从燃烧生。

VS-U. 7.1.6 地中的（性质）基于因的性质，从燃烧生。

在非常住的作为果的地的色等中，色等基于因的性质产生；另一方面，在常住的（色等）极微自身中，（色等）从燃烧生，即从熟变与火的结合产生。

VS-C. 7.1.11 水、火、风中（的性质）基于因的性质，不从燃烧生。

VS-U 缺

在作为果的全体水等中，（水的）色等在和合因的色中产生。但是，在水等极微中，（色等）完全不从燃烧生，因为不存在相互矛盾的其他性质。

VS-C. 7.1.12 因为不具有性质的实体造作性质，运动和性质没有性质。

VS-U 缺

性质只从作为因的、产生时没有性质的实体产生，不从性质和运动（产生），因为所有不同的性质和合于一物是不存在的，就像运动性一样。

VS-C. 7.1.13“从燃烧生”由此解释。

VS-U 缺

因为与火结合，黑等消失的时候，从燃烧生的（性质）产生。这些（从燃烧生的性质）也没有性质是确定的。

如果说："就像在一个有结合者中有结合，在一个有性质者中有燃烧生（的性质）。"（回答：）"不是。"

VS-C. 7.1.14 因为有一实体性。①

VS-U. 7.1.7 因为有一实体性。

因为（性质的）不一致性，从燃烧生的、（依于）一实体的这些（性质）如何能从同一个（实体）产生？但是，"在一个有结合者中有结合"没有问题，因为（有结合者）是有多实体性的。

2. 量

现在，将解释"量"，

VS-C. 7.1.15 小、大的可知觉、不可知觉，已在恒常者中解释了。

VS-U. 7.1.8 小、大的可知觉、不可知觉，已在恒常者中解释了。

"在恒常者中"意为（前文有关恒常的）论述。其中，大性必定是可知觉的；而在小性中，极微、二极微、意是不可知觉的。

同样，在称为"恒常"的论述中，有"可知觉的原因是大性，不可知觉的原因是小性"的说法。因为可知觉者中必定有大性，但大性者中的"三极微"是不可知觉的。

VS-C. 7.1.16 由因的多性、因的大性，以及特殊的积集（产

---

① 参见 VS-C. 1.2.9。

生）大。

VS-U. 7.1.9 还由于因的多性。

在“三极微”中，由于诸因的非大性，由存在于作为其因之“二极微”中的多性的数产生大性。

在“二指”中，作为因的指的大性产生（二指）的大性。缓慢的结合是积集。在“二棉球”中，存在于两个棉团中的、以自所依部分的缓慢结合为前提的积集，产生大性。

VS-C. 7.1.17 其相反者是小。

VS-U. 7.1.10 小与此相反。

因此，与这三种原因（产生）的大相反的“二极微”的量就是小，应该被认识到。

VS-C. 7.1.18 所谓“小、大”是因为其中有差异和无差异。

VS-U. 7.1.11 所谓“小、大”是因为其中有差异和无差异。

“其中”（意为）在大性的事物中。相对于菴摩罗树，青睡莲等被惯称为“小”；另一方面，相对于吉祥果树，菴摩罗树（被惯称为“小”）。

同样，根据差异性的有、无，在同一（事物）中，“小”“大”的习惯说法只是方便用法。

为什么？

VS-C. 7.1.19 因为同一时性。

VS-U. 7.1.12 因为同一时性。

因为只有在同一时间的同一事物中，相对于其他事物，两人才能作出“小”“大”的矛盾说法；由此，我们认为“这是方便用法”。

与此（大物）相对的就是小物。

VS-C. 7.1.20 还因为譬喻。

VS-U. 7.1.13 还因为譬喻。

例如，白丝产生的结果中，只有白性，没有黑性；同样，由于这譬喻，由大物产生的（结果）中，只有大性，没有小性。

VS-C. 7.1.21 小性、大性中没有小性、大性，由运动和性质解释。

VS-U. 7.1.14 小性、大性中没有小性、大性，由运动和性质解释。

例如，性质和运动没有性质，因为作为果的色等不与作为部分的性质和合于同一事物；同样，因为（小性、大性）不与作为因的多性等和合于同一事物，所以小性和大性中没有这（小性、大性）。

VS-C. 7.1.22 根据小性和大性，运动和性质没有（小、大的）性质。

VS-U. 7.1.16 运动和性质由小性和大性解释。

因为不与作为因的多性等和合于同一事物，所以就像小性和大性中没有小性、大性一样，运动和性质中没有小性、大性。

VS-C. 7.1.23 长性、短性由此解释。

VS-U. 7.1.17 长性、短性由此解释。

（长性和短性）的可知觉和不可知觉，就像大性和小性一样。

此外，从因的大性等产生长性，相反则是短性；所谓“由于其中存在差异”的习惯说法与那（小性、大性）一样。[①]

“两者（长性、短性）中没有长性、短性”是类推的结论。

VS-C. 7.1.24 运动由运动（解释），性质由性质（解释）。[②]

VS-U. 7.1.15 运动由运动解释，性质由性质解释。

例如，因的多性等不和合于同一事物，所以（运动和性质中）没有小性、大性；同样，这些运动和性质没有长性、短性。

VS-C. 7.1.25 在非恒常物中，这（四种量）是非恒常的。

VS-U. 7.1.18 在非恒常物中，（这四种量）是非恒常的。

VS-U. 7.1.19 在恒常物中，（这四种量）是恒常的。

这四种量（小性、大性、长性、短性），由于现时存在性，在非恒常物中就是非恒常的。

然而，

VS-C. 7.1.26 圆体是恒常的。

VS-U. 7.1.20 圆体是恒常的。

极微中的量是圆体，它是恒常的。

对此，

---

① 参见 VS-C. 7.1.18。

② 同 VS-C. 7.2.5、7.2.13、7.2.28。

VS-C. 7.1.27 无知是知的标记。

VS-U. 7.1.21 此外，无知是知的标记。

没有量的实体不存在，是诸极微的极微量存在的标记。

“无知”（意为）不存在，“知”（意为）存在。

VS-C. 7.1.28 因为遍在性，虚空是大。

VS-U. 7.1.22 因为遍在性，虚空是大；同样，我也（是大）。

“因为遍在性”，即因为不动（的虚空）与有形的实体的集合相结合，所以“虚空有极大性”应该被理解。

VS-C. 7.1.29 同样，我也（是大）。

VS-U. 7.1.22 因为遍在性，虚空是大；同样，我也（是大）。

就像虚空一样，我的极大也应该被认识。

方位、时间也都是大。

VS-C. 7.1.30 因为没有那（遍在性），意是小。

VS-U. 7.1.23 因为没有那（遍在性），意是小。

因为没有遍在性，还因为认识（的产生）非同时，意是小性的。[①]

VS-C. 7.1.31 方位由性质解释。

VS-U. 7.1.24 方位由性质解释。

在制定了界限的地方，“从此这是东”等的习惯说法适用于有

---

① 参见 VS-C. 3.2.3。

形物。由此，通过称为有形物之结合的性质，方位具有大性就得到了解释。

同样，

VS-C. 7.1.32 时间由因（解释）。

VS-U. 7.1.25 时间由因（解释）。

时间由彼、此的混合等因推理出来[①]，因为此（因）存在于一切处，所以时间的遍在就由这种因解释了。

第二节　六种性质以及声、和合

1. 数与别体

现在，开始分析数等。数是有关区别之言词的原因。首先，说明“这（数）不同于色等”这一意义。[②]

VS-C. 7.2.1 因为不同于色、味、香、触，所以“一性”是其他物。同样，“别体”（也是其他物）。

VS-U. 7.2.1 因为不同于色、味、香、触，所以“一性”是其他物。

VS-U. 7.2.2 同样，“别体”（也是其他物）。

“这是一”等观念不以色等为原因，因为这种观念具有不同的特性。也就是说，以色等为原因的观念应该是“因为具有色”等。

---

① 彼、此的混合：“彼”指年长者，“此”指年少者；某人相对于甲来说是年长者，但相对于乙来说是年少者。这就是对年龄的混合认识，体现的是时间的存在性、相对性和遍在性。

② 本节前九句经文及其注释把“数”（一性）和“别体”（一别体）合在一起阐述。

因此，（“这是一”等观念）以其他物为原因。

作为果（的实体）中的“一性”和“一别体”以作为因的性质为基础。

“二性”等从结合了多个对象之认识的“一性”产生。同样，“二别体”等从“（一）别体”（产生），但是“一别体”等没有下同。[①]

VS-C. 7.2.2 二者的恒常性和非恒常性由火的色和触解释。

VS-U 缺

就像因为实体（极微）的恒常性，火极微的色、触是恒常的；同样，存在于恒常的实体中的“一性”和“一别体”是恒常的。

此外，就像因为实体的非恒常性，火中的色、触是非恒常的；同样，存在于果中的“一性”和“一别体”是非恒常的。

VS-C. 7.2.3（二者）产生（也由火的色和触解释）。

VS-U 缺

此外，就像在作为果的火中，色、触根据因的性质产生。同样，“一性”和“别体”（根据因的性质产生）。

同样，重性、流动性、黏着性（也根据因的性质产生）。

VS-C. 7.2.4“一性”和“别体”中没有“一性”“别体”，由小性、大性解释。

VS-U. 7.2.3“一性”和“一别体”中没有“一性”“一别体”，

---

① 下同：aparasāmānya，也可译为“下位的普遍”。

由小性、大性解释。

意思是，因为“一性”和“别体”中，部分的性质不和合于同一物，所以没有“一性”“别体”。

VS-C. 7.2.5 运动由运动（解释），性质由性质（解释）。[①]

VS-U 缺

正如，因为部分的性质不和合于同一物，所以运动和性质不具有“一性”和“别体”。

（反论者：）因为“有”的无差别，所有句义就都是“一性”。（回答：）

VS-C. 7.2.6 因为运动和性质没有数，所以不存在所有（句义）的“一性”。

VS-U. 7.2.4 因为运动和性质没有数，所以不存在所有（句义）的“一性”。

VS-U. 7.2.5 这是错误的。

因为运动和性质没有数，所以必不存在所有（句义）的“一性”。

（反论者）如果说“性质等中有方便用法的‘一性’”。（回答：）

VS-C. 7.2.7 因为没有“一性”，所以不存在方便用法（的一性）。

VS-U. 7.2.6 因为没有“一性”，所以不存在方便用法（的一性）。

因为性质等（句义）中没有真实的“一性”，所以你所分别的

---

① 同 VS-C. 7.1.24、7.2.13、7.2.28。

这方便用法的“一性”就达不到真正的“一性”。“实体中有真实，性质中有方便用法”的说法正由此有了分别的过错。

（反论者：）不是这样的。因和果的“一性”是可得的，因为实体中的数没有差别；没有“一性”的话，（因和果）就应该有“别体”。（回答：）不是这样的，

VS-C. 7.2.8 由于因和果没有“一性”“别体”，所以（其中）不存在“一性”“别体”。

VS-U. 7.2.7 由于因和果中没有“一性”“一别体”，所以（其中）不存在“一性”“一别体”。

由于因和果的“二性”，（因和果）就不是“一性”；由于果没有除了因以外的所依，所以（因和果）也不是“别体”。

VS-C. 7.2.9 这由非恒常者和恒常者解释。

VS-U. 7.2.8 这由非恒常者解释。

“这”指前一句经文，应该知道虽然是非恒常的对象，同理也可以由虚空等恒常者解释。

也就是，作为果和因的声和虚空既不是“一性”也不是“别体”。

2. 合与离

VS-C. 7.2.10 结合是一方运动生、双方运动生、结合生。[1]

VS-U. 7.2.9 结合是一方运动生、双方运动生、结合生。

---

① 一方运动生、双方运动生、结合生，可分别译为：一业生、俱业生、合生。参见 C ad VS. 1.1.28。

“一方运动生”是由鹰的相向运动与柱子相结合。

“双方（运动）生”由两个力士的相向（运动产生）。

“结合生”是从因与非因的结合产生果与非果，就像通过（两根）手指与（各自的）虚空的结合，（产生）二指与虚空的结合。

VS-C. 7.2.11 分离由此解释。

VS-U. 7.2.10 分离由此解释。

“一方运动生”的分离由鹰远离（柱子产生）。

“双方运动生”（的分离）由两个力士（相互）远离（产生）。

另一方面，“分离生”是由于两根手指相互分开，二指完全消失时，（产生）手指与虚空的分离；或者，由于作为因的手与作为非因的虚空相分离，（产生）身体与虚空的分离。

VS-C. 7.2.12 结合、分离中没有结合、分离，由小性、大性解释。

VS-U. 7.2.11 结合、分离中没有结合、分离，由小性、大性解释。

“因为不存在确定的合与离，所以此二者（结合、分离）没有（结合与分离）”的意思。

VS-C. 7.2.13 运动由运动（解释），性质由性质（解释）。[①]

VS-U. 7.2.12 通过小性、大性，运动由运动（解释），性质由性质（解释）。

“因为不存在确定的合与离，所以（运动、性质）没有结合与

① 同 VS-C. 7.1.24、7.2.5、7.2.28。

分离”的意思。

VS-C. 7.2.14 因为不存在确定的合与离，所以结合与分离不存在因和果中。

VS-U. 7.2.13 因为不存在确定的合与离，所以结合与分离不存在因和果中。

因和果中不存在相互的结合与分离，就像瓶与碎片中（不存在结合与分离），因为不存在确定的合与离。

或者，确定的合与离是两方或一方具有不相同的行为，而且那（确定的合与离）存在于两个恒常物之中。

此外，两个非恒常物具有合与离之所依的集合性，就像瓶和布两者以及作为感觉器官的皮肤和人的身体两者一样。然而，瓶与碎片两者不和合于合与离之所依，因为瓶只和合于那（碎片）中。

3. 声

（反论者）如果说：“声与物相结合。”（回答：）不是，

VS-C. 7.2.15 因为（声）是性质。

VS-U. 7.2.14 因为（声）是性质。

因为（声）是虚空的性质，所以声不与物相结合。

VS-C. 7.2.16 性质的情况（由声）解释。

VS-U. 7.2.15（声）也被认为是性质。

“性质的情况”（意为）色、味等情况。运动的情况也使用（声解释）。

此外，性质、运动不与性质相结合。

VS-C. 7.2.17 因为（声）没有运动。

VS-U. 7.2.16 因为（声）没有运动。

（声）与物相结合的话，（声）就应该获得物；因为性质没有运动性，所以没有活动。

VS-C. 7.2.18 还因为“不存在”用于“非存在物”。

VS-U. 7.2.17 还因为“不存在”用于“非存在物”。

（声）与物相结合的话，“不存在”一词（声）就不能被用于“非存在物”。

因此，（声）不与“非存在物”相结合。

那么，因为不存在（声与物）结合，

VS-C. 7.2.19 声与物不相结合。

VS-U. 7.2.18 声与物不相结合。

（反论者：）不是这样的，

VS-C. 7.2.20 因为（存在）棒的结合者与角的和合者。

VS-U. 7.2.19 因为（存在）棒的结合者与角的和合者。

根据与棒的结合、与角的和合，持棒人、有角者（如羊）的观念被验证了。而物的观念由声（验证）是存在的，因此，这（声与物）的结合也存在。

（回答：）不是这样的。

VS-C. 7.2.21 因为可见性，观念不是原因。

VS-U 缺

就持棒人和有角者来说，因为可见性，是无错的。但是，这里就声与物的结合来说，根据所说的道理，因为不可见性，所以物的观念不是（声与物）结合的原因。

VS-C. 7.2.22 同样，观念不存在。

VS-U 缺

如果声与物相结合，（观念）应该是所把握的假说，物则应该由此（声）获得。因此，（声与物）不相结合。

VS-C. 7.2.23 如果说“因为与结合物的结合”。（对此）有疑问。

VS-U 缺

（反论者：）虚空与声结合，物也与虚空结合。这样，因为与结合物的结合，（声）与物结合。

（论主：）不是这样的。因为所有物都与虚空结合，那么声结合于哪些物？因为（这样的疑问），（反论者）应该没有正确理解，所以（声与物）不相结合。

因此，

VS-C. 7.2.24 从声（产生）物的观念是约定俗成的。

VS-U. 7.2.20 从声（产生）物的观念是约定俗成的。

因此，从声（产生）而不是从结合（产生）物的观念，是习惯说法的情况。

4. 远与近

VS-C. 7.2.25 由接近、远离同一方位和时间之物，（产生）远、近。

VS-U. 7.2.21 由接近、远离同一方位、同一时间之物，（产生）远、近。

同一方位的两物体，是形成方位的远性和近性的原因。

同一时间的、正与时间相结合的两者，是形成时间的远性和近性的原因。

而且，这两者（远和近）是依赖于接近、远离之认识的事物的原因。

VS-C. 7.2.26 由因的远性和因的近性（产生）。

VS-U. 7.2.22 由因的远性和因的近性（产生）。

远、近与方位的部分的结合是（远性、近性）的非和合因，就像远、近与时间的部分的结合。

因为与方位、时间的部分的结合，接近、远离两物时，基于接近、远离的认识，近性（产生）于接近者，而远性（产生）于远离者。

VS-C. 7.2.27 远性、近性中没有远性和近性，由小性、大性解释。

VS-U. 7.2.23 远性、近性中没有远性和近性，由小性、大性解释。

远、近与方位、时间的部分的结合是远性、近性的原因。

此外，因为两者（远性、近性）的分离不确定，由于没有结合，所以（远性、近性中）没有远性、近性。

VS-C. 7.2.28 运动由运动（解释），性质由性质（解释）。[①]

VS-U. 7.2.24 运动由运动（解释）。

VS-U. 7.2.25 性质由性质（解释）。

运动、性质没有小性、大性；同样，根据分离不确定，运动、性质与方位、时间的部分的结合不存在，所以（运动、性质）没有远性、近性。

5. 和合

VS-C. 7.2.29 和合是由果和因而来的"这里"（的观念）。

VS-U. 7.2.26 和合是由果和因而来的"这在此"（的观念）。

性质等和合于实体中。

由此，所说的"和合"是由果和因而来的"这里"的观念，（即）产生的"这里，丝中有布；这里，瓶中有色等；这里，瓶中有运动"是和合。

由于果和因是被把握的指示标记，所以就有"普遍和合于个物，特殊和合于恒常的实体"的说法。

VS-C. 7.2.30（和合）没有实体性、性质性、运动性，由有性解释。

VS-U. 7.2.27（和合）没有实体性、性质性，由有性解释。

例如，因为有一实体性，所以（有性）不是实体。[②] 因为性质、

---

① 同 VS-C. 7.1.24、7.2.5、7.2.13。

② 参见 VS-C. 1.2.9、2.2.27；C ad VS. 2.1.11。

运动中也没有（有性），所以（有性）也不是性质、运动；和合也同样。

VS-C. 7.2.31（和合的）真性（由有性解释）。[①]

VS-U. 7.2.28（和合的）真性由有性（解释）。

例如，因为存在的相状无差别，所以有性是一；同样，因为“这里”的相状无差别，所以和合是一。（和合）还是非流转的、恒常的、无部分的。

---

① 参见 VS-C. 2.1.28。

第八章　性质之三（1）：觉（直接知觉）

现在，解释觉。

1. 关于句义的认识

VS-C. 8.1 关于实体的认识已经解释过了。

VS-U. 8.1.1 关于实体的认识已经解释过了。

在六句义中，只有对诸实体的认识是从接触产生的，已经这样解释过了。但是，对性质等（的认识还未解释）。

就这（认识）来说，

VS-C. 8.2 意和我（是原因）。

VS-U. 8.1.2 其中，意和我是不可感知的。

意和我是认识的原因已经解释过了。

现在，解释关于性质等的认识。

VS-C. 8.3 阐述认识时，已经说明了认识的产生。

VS-U. 8.1.3 阐述认识时，已经说明了认识的产生方式。

由与感官的接触产生的认识已经说明过了，而性质等不与感官接触。由此，现在解释（关于性质等的）认识，即这些无接触的认识。

VS-C. 8.4 实体是产生（与感官）无接触的性质和运动的认识的原因，且是原因的原因。

VS-U. 8.1.4 接触性质和运动时，实体是产生认识的原因。

实体是性质与运动的和合因，由此，产生对这些与感官不直接接触的认识的原因的只是那作为（和合）因的实体，而不是性质与运动。因此，对性质与运动的认识由结合的和合（产生）。[①]

“且”一词意有两种原因。

VS-C. 8.5 因为同、异中没有同、异，所以只由此（产生）认识。

VS-U. 8.1.5 因为同、异中没有同、异，所以只由此（产生）认识。

关于有性等同、边异（等）异的认识，只由彼见者[②]（的感官）与实体的接触产生，不由同、异（产生），因为其中没有此（同、异）。

另一方面，

VS-C. 8.6 关于实体、性质、运动（的认识）基于同、异。

---

① 结合的和合：实体与感官相结合（接触），性质与运动和合于实体。

② 参见 C ad VS. 1.2.6。

VS-U. 8.1.6 关于实体、性质、运动（的认识）基于同、异。

在实体、性质、运动中，从实体与感官的接触、有性等同、实体性等同异，产生“有”和“实体”等的认识。

这一经文中，“同”是有性，“异”是实体性等，不同于前一经文。

其中，而且，

VS-C. 8.7 关于实体（的认识）基于实体、性质、运动。

VS-U. 8.1.7 关于实体（的认识）基于实体、性质、运动。

这关于实体的认识从与眼的接触产生，（如）基于实体的“有角者”（的认识），基于性质的“白”，基于运动的“走”。

而且，因为能限定性，实体等是先被感知到的。据此，能限定者的认识是因性的，被限定者的认识是果性的。[①]

VS-C. 8.8 关于性质和运动（的认识），因为（性质和运动中）没有性质和运动，所以不可能基于性质和运动。

VS-U. 8.1.8 关于性质和运动（的认识），因为（性质和运动中）没有性质和运动，所以不可能基于性质和运动。

因为性质和运动中没有性质和运动，所以关于性质和运动的认识以性质和运动为原因是不成立的。

---

① 牛是被“有角”“白”“走”这样的实体性、性质性、运动性所限定的，所以牛是被限定的结果，对牛的认识也就是果性的。而“有角”“白”“走”能对牛进行限定，是牛的原因，故对“有角”“白”“走”的认识也就是因性的。参见宫元啓一：『ヴァイシェーシカ・スートラ』，臨川書店，2009，第219—220页。

对实体的认识先于（对性质和运动的认识）产生是不确定的，例如：

VS-C. 8.9 从和合的白色、对白色的认识（产生）关于白物的认识，二者是因果关系。

VS-U. 8.1.9 从和合的白色与对白色的认识（产生）关于白物的认识，这二者是因果关系。

从和合于白物的性质，即从共同的白色，以及从对共同的白色的认识，产生对白物的性质的认识。同（句义）与性质的关系也应该被考察。

由此，对能限定者的认识是因，对被限定者的认识是果。[①]

另一方面，没有能限定和被限定的关系的话，

VS-C. 8.10 由于原因的非同时性，对实体的（认识）不互为原因。

VS-U. 8.1.10 对实体的（认识）不互为原因。

由于意的小性、非同时性，即使存在先后顺序时，对瓶和布的两种认识也不存在因果关系，因为（两者）不是能限定和被限定（的关系）。

VS-C. 8.11 同样，对实体、性质、运动（的认识），由于原因无差别（就没有因果关系）。

VS-U. 8.1.11 由于原因的非同时性和原因的先后顺序，对瓶、

---

① 能限定者：白色；被限定者：白物（被白色限定之物）。

布等的认识的顺序不是因果关系。

“‘白牛行走’是对实体、性质、运动的认识，即使根据认识正在产生的顺序也不存在因果关系，因为不是能限定和被限定（的关系）。”这前面已经说过的就是“由于原因无差别”（的意思）。

由此，实体的认识不是性质、运动的认识的原因，性质、运动的认识也不是前者的原因。

另一方面，没有能限定的规则的话，

VS-C. 8.12 所谓“此”“彼”“被你做了”“他应该吃”就基于认识。

VS-U. 8.2.1 所谓“此”“彼”“被你做了”“他应该吃”就基于认识。

“此”是关于接近的观念，而“彼”是某些关于远离的观念，“被你做了”是运动和作者的观念，“他应该吃”是作者和运动的观念。

基于接近的是关于远离的观念，基于“被做了”的运动的是关于作者（的观念），基于“应该吃”的作者的是关于运动（的观念）。

如果问：“为什么基于（他者）？”（答：）

VS-C. 8.13 因为（这些认识）存在于可见物中，不存在于不可见物中。

VS-U. 8.2.2 因为（这些认识）存在于可见物中，不存在于不可见物中。

接近等被看见时，远离等观念产生；或者（接近等）不可见时（远离等观念）不产生。

由此，即使存在基于（他者）也没有因果关系，因为不是能限定和被限定（的关系）。

2. 认识的对象

认识基于对象和感官的话，首先解释“对象”：

VS-C. 8.14“对象”指的是实体、性质、运动。

VS-U. 8.2.3“对象”指的是实体、性质、运动。

即使不依据对象性的同，根据一般的共识，在这里，“对象”一词也被理解为只是实体等三者。

为什么？譬如，在没有其他同的同异中，在有性等同中，（产生）“同、同”的认识；譬如，在没有其他异的异中，（产生）“异、异”的可见的认识；同样，即使不依据对象性，“对象”一词也是关于实体等的习惯用语。

3. 认识的感官

“感官”也要解释，而且这些（感官）不是由五种（元素）构成的，因为，

VS-C. 8.15（论述）实体时，由五种（元素）构成已经被否定了。[①]

VS-U. 8.2.4（论述）实体时，由五种（元素）构成已经被否

---

① 参见 VS-C. 4.2.1—2。

定了。

因为实体被造作时，五种元素作为造作者是不存在；另一方面，即使那些（元素）产生（实体），这四种（元素）各自产生各自的种类，同样感官也是各个元素的果。[①]

也就是，

VS-C. 8.16 因为优势性，还因为有香性，所以地是关于香的认识（的原因）。

VS-U. 8.2.5 因为优势性，还因为有香性，所以地是关于香的认识的真实（原因）。

认识香的是鼻。形成这（鼻）时，因为优势性，地是原因；另一方面，优势性基于身体。而且，地在鼻中具有优势性，因为香不被足等获取。

“还因为有香性”，（意思是：）由此，通过和合于自身的香，作为感觉器官的鼻显现对香（的认识）；由此，这有香性的地就是原因；另一方面，其他元素的结合极少。

VS-C. 8.17 同样，水、火、风是关于味、色、触的认识（的原因），因为味、色、触各不相同。[②]

---

① 各个感官是各个不同元素的果，而不是五种元素和合的果；各个感官分别由对应的元素构成，而不是由五种元素共同构成。

② 认识味的是舌，认识色的是眼，认识触的是皮肤。综合 VS-C. 8.16—17 两颂的意思是：地、水、火、风四大元素分别是鼻、舌、眼、皮肤四大感官获得香、味、色、触之认识的原因。

VS-U. 8.2.6 同样，水、火、风，因为味、色、触各不相同。

通过和合于自身的非燃烧生[①]的甜味，通过（和合于自身的）白光色、通过（和合于自身的）非燃烧生的非热非冷触，舌、眼、皮肤（分别）显现对味、色、触（的认识）。

由此，因为有味性、有色性、有触性，以及因为超越其他不能作为原因的元素的优势性，三种感官（舌、眼、皮肤）中，水、火、风依次是应该被认识到的和合因。

另一方面，虚空本身只是用听限定了耳，不是（耳的）本质，因为（虚空）不是造作者。

这样，直接知觉就得到了解释。

① 非燃烧生：apākaja，不是加热或成熟产生，是自然而生。

第九章　性质之三（2）：觉（推理认识）

现在，（牟尼）开示需要解释的推理认识及其对象。

1. 无

VS-C. 9.1 因为没有运动和性质的表现，所以是“无”[①]**。**

VS-U. 9.1.1 因为没有运动和性质的表现，所以是“以前无”。

首先，产生前的果不被直接知觉所把握；其次，不被推理认识（所把握）。因为相状存在时才有其（推理认识），而（产生前的果）没有相状，即因为与此相关的运动和性质不被感知。

此外，“（没有）表现”一词意思就是相状不存在。

因此，产生前（的果）是“无”。

其次，

VS-C. 9.2 有无。[②]

---

① 无：asat，直译“非有”，即“以前无”（prāgabhāva，未生无），意思是果在未产生以前不存在，也就是胜论派的“因中无果”论。参见 C ad VS. 9.5。

② 有无：即“破坏无”（dhvaṃsa，已灭无）。参见 C ad VS. 9.5。

VS-U. 9.1.2 有无。

存在的果作为“有”，被破坏了之后就是“无”。“有”不被消灭，因为只是没有运动和性质的表现而已。

另一方面，中间的情况，

VS-C. 9.3 因为存在运动和性质的表现，所以“有”和“无”是不同的东西。

VS-U. 9.1.3 因为存在运动和性质的表现，所以（“有”）和“无”是不同的东西。

破坏以前、产生之后，与“无”不同的东西是被称为“有”的事物，因为存在运动和性质的表现。

VS-C. 9.4 有亦无。

VS-U. 9.1.4 有亦无。

即使“有”的事物也被其他存在物否定，所以说“牛不是马”。根据非因果（关系），这不搬运的牛被惯说成“无”。[①]

VS-C. 9.5 而其他不同于“有”的也是“无”[②]。

VS-U. 9.1.5 而其他不同于这些“无”的是“（绝对）无”。

此外，其他不同于“有”的事物，是“绝对无”的本质，不是“以前无”“假定无”“破坏无”的对象，（如）兔角等，这也是

① 有亦无：即“假定无”（upādhebhāva）或“交互无”（anyonyābhāva）。参见 C ad VS. 9.5。

② 这种“无”是“绝对无”（atyantābhāva）。

一种“无”。

如果问：“‘无’没有差别，那么‘以前无’为什么没有其他的作用功能？”[1]（回答：）不是这样的，因为差别是被把握的。其中，

VS-C. 9.6“无”的认识，从不存在对“有”的直接知觉、从对“有”的记忆、从对（与“有”）矛盾的直接知觉（产生）。

VS-U. 9.1.6“无”（的认识），从不存在对“有”的直接知觉、从对“有”的记忆（产生），就像对矛盾物的直接知觉。

“破坏无”之“无”的认识：从事物先前的“有”在当下不被看见，并从对那事物之“有”的忆念，以及从对与瓶等（“有”）之矛盾的把握，产生对坏灭的分别认识。否则，如果这（无）没有差别，那么这（破坏无）如何能不被认识？

另一方面，关于“以前无”：

VS-C. 9.7 同样，关于“（以前）无”（的认识）也从对“有”的直接知觉（产生）。

VS-U. 9.1.7 同样，关于“（以前）无”（的认识）也从对“有”的直接知觉（产生）。

关于“以前无”（的认识是）对（做成瓶之前的）泥团状态（的认识），而不是对瓶作为对象的直接知觉；另一方面，当下产生相反的、对瓶作为对象的直接知觉；而且，（瓶的）“（以前）无”的状态被记忆。因此，“当下产生的‘有’在以前只是‘无’”就是关于“以前无”的“无”的确定认识。

---

① 反论者的意思是：既然都是“无”，“无”是无差别的，那么就不需要区分“以前无”“破坏无”“交互无”“绝对无”这几种不同。

VS-C. 9.8“非瓶”“非牛”“非法”由此解释。

VS-U. 9.1.8“非瓶”“非牛”“非法”由此解释。

也就是，对壶产生“瓶”之认识的人，由其他原因产生“这不是瓶，是壶”的正确观念，应该知道这也是从没有瓶的观念、从对这（瓶）的记忆、从看见相反的壶等（产生）。同样，马中（产生）“非牛”的观念。同样，根据看见的同类物，判定夜里沐浴等是“法”的时候，“非法”（的观念）产生。

以上是根据对“非知者”“知者”“超越感官者”的否定（而作的）三个喻例。

VS-C. 9.9“非有”“不存在”不是其他物。[①]

VS-U. 9.1.9“非有”“不存在”不是其他物。

与“以前无”“破坏无”“交互无”不同，作为“绝对无”的兔角等被认为与“非有”“不存在”两个同义词没有差别。

这（绝对无）被认为不是（这两个）同义词以外的其他物，由此，通过同义词来显现的就是这（绝对无）的特性。

这（绝对无）不与方位、时间等相矛盾。

另一方面，

VS-C. 9.10“家里没有瓶”是对存在的瓶与房的结合的否定。[②]

---

① 这句经文解释“绝对无”，意思是“绝对无”不是不同于“非有”“不存在”的其他物，即“绝对无”与“非有”“不存在”是同义词。

② 这种“无”相当于《胜宗十句义论》中所说的“关系无”（saṃsargābhāva）。不同的是，《胜宗十句义论》讲此“关系无”也归入“绝对无”。“以前无”“破坏无”“假定无”“绝对无”这四种“无”的论述，《月喜疏》与《胜宗十句义论》基本相同。

VS-U. 9.1.10“家里没有瓶”是对存在的瓶与房的结合的否定。

意思是，“瓶不存在于此地方或时间中”是对瓶等的方位等的否定，不是对（瓶的）自性的否定。

VS-C. 9.11“不存在其他月亮”是从同否定月亮。

VS-U 缺

“不存在第二个月亮”，通过对数的否定，（第二个）月亮由称为“月性”的同排除了，然后就有了“称为月性的同不存在”的说法。[①]

“没有方位、时间、状态、力、附带属性时，对月性的同的否定与‘绝对无’是完全不同的。”（如此）解释。

（反论者：）因为酪不从砂产生而从乳产生（的事实）不被直接知觉所把握，所以“因中有或无果”。[②]（论主：）

VS-C. 9.12 因为“有”和“无”的不同特性，所以不是“（因中）有或无果”。

VS-U 缺

因为“有性”和“无性”的同时相互矛盾性，所以不是“因中有或无果”。因此，只是“（因中）无（果）”。

2. 瑜伽行者的认识

瑜伽行者的直接知觉，因为具有直接认识和间接认识的对象

---

① 同：普遍性。只有一个月亮，所以月性是唯一性的、不具有普遍性。

② 反论者的意思是：因为直接知觉不被把握，所以无法判断“因中有果”还是“因中无果”，那么这两种说法就都是可能的。“因中无果”是胜论派的重要理论。

性，所以在直接知觉和推理认识之间被解释。

VS-C. 9.13 在我中，从我和意的特殊结合（产生）我的直接知觉。

VS-U. 9.1.11 在我中，从我和意的特殊结合（产生）我的直接知觉。

从诸对象引出诸感官，而从这些（诸感官引出）意；只有在我中，当精神集中的时候，从基于瑜伽生法的、我与内作具（=意）的特殊结合，其中的人们（=瑜伽行者）在自身的我中产生直接知觉的认识。

VS-C. 9.14 对其他实体（的认识）亦如此。[①]

VS-U. 9.1.12 对其他实体（的认识）亦如此。

对否定我的结合的、即对不与我结合的遍在的实体，以及对不否定我的结合的、即对结合于两者[②]的极微等，（瑜伽行者也）产生认识。

此外，

VS-C. 9.15 还从我、感官、意、对象的接触（产生认识）。

VS-U. 9.1.13 内作具未入定者和已入禅定者也（认识）那些（实体）。

对于细微的、被覆障的、远处的对象，他们（瑜伽行者）也从四者（我、感官、意、对象）的接触产生直接认识。对于“我

① 其他实体：除我以外的其他具有遍在性的实体，即虚空、时间、方位。

② 两者：我和其他具有遍在性的实体，即瑜伽行者对我的极微、虚空的极微、时间的极微、方位的极微也都产生认识。

们等”的直接知觉也同样。[①]

VS-C. 9.16 从那和合（产生）对运动和性质的（认识）。

VS-U. 9.1.14 从那和合（产生）对运动和性质的（认识）。

就像从内作具（= 意）的结合产生对其他实体的认识，同样产生对结合于这实体的运动和性质的认识。

此外，就像从四者（我、感官、意、对象）的接触，（瑜伽行者）产生对微细物等和“我们”的直接知觉的认识。同样，从那结合的和合，（瑜伽行者）产生对结合其中的运动和性质的认识。

VS-C. 9.17 从我的和合，（瑜伽行者）产生对我的德的（认识）。

VS-U. 9.1.15 从我的和合，（瑜伽行者）产生对我的德的（认识）。

就像从我与意的结合，（瑜伽行者产生）对自己的我的认识。同样，（瑜伽行者）产生对结合于自己的我的乐等的认识。

3. 推论的定义

解释了瑜伽行者的直接知觉，现在说明推理认识：

VS-C. 9.18 “此是彼的结果、原因、结合、和合于同一物、矛盾”是推论。[②]

---

① 我们等：相对于瑜伽行者的其他人。瑜伽行者能认识其他人的直接知觉相当于“他心通”，可以说是一种超能力。参见宮元啓一：『ヴァイシェーシカ・スートラ』，臨川書店，2009，第239页。

② 推论：laiṅgika，与推理认识（anumāna，比量）是同义词。这句经文补充完整是：“此是彼的结果、此是彼的原因、此与彼结合、此与彼和合于同一物、此与彼相矛盾”是推论。

VS-U. 9.2.1 “此是彼的结果、原因、结合、矛盾、和合”是推论。

VS-U. 9.2.2 此与彼的因果关系产生于部分。

显示了“此是彼”的一般关系之后，通过“结果”“原因”等区分开来。根据所把握的“结果”“原因”，从和合的一般指示，普遍等也能被把握。

根据“结合”一词，烟等结合物[①]被把握。

其他（和合于同一物、矛盾）已经在“结合”等的经文中解释过了。

这里，《疏》的作者说：“对认可某种关系的人来说，从看见没有疑惑的事物的一部分，进而认识余下的部分，这种由看见标记而生成（认识）就是推论。”[②]

4. 有关声的认识

VS-C. 9.19 有关声的（认识）由此解释。

VS-U. 9.2.3 有关声的（认识）由此解释。

就像“（此是彼的）结果”等以忆念为前提的推理认识，以三时[③]为境界，并以超越感官之物为对象。同样，有关声的（认识）以约定的忆念为前提，以三时为境界，并以超越感官之物为对象。

由此，“因为被置于与推理认识同一的规则，所以（有关声的

---

① 烟等结合物：如说“山上有火，有烟故”，烟就是火与山的结合物。

② 《疏》具体指称的文献，不详。

③ 三时：过去、现在、未来。

认识）只是推理认识”[①] 的说法产生。

如果问：“（表达）意义的声是什么？”回答：

VS-C. 9.20 “理由、指示、标记、体相、度量、原因”[②] 是名异义一的。

VS-U. 9.2.4 “理由、指示、标记、度量、方法”是名异义一的。

根据目的（不同），用“理由”等词来解释原因。“理由”“指示”是“原因”的意思。

如果问：“那么，作为原因的声为什么是意义被正确理解时的标记？”（答：）

VS-C. 9.21 因为（声）基于“此是彼的”认识。

VS-U. 9.2.5 因为（声）基于“此是彼的”认识。

例如，对于同意“意义被理解时，那手的行为作为因就应被理解”这一约定的人们来说，看见了手的行为之后，意义就被理解了。同样，对于承认“此意义被理解时，彼声是原因”这一约定的人来说，从这作为因的声来理解意义。例如，《疏》的作者说：“世人也从哑剧等理解意义；这样，声依靠约定的力量，因为能显现性，所以是意义的原因。”[③]

---

① （有关声的认识）只是推理认识：声不是推理认识以外的其他独立的认识手段。胜论派认为认识手段只有直接知觉（现量）和推理认识（比量）两种，但正理派则认为声也可以是一种独立的认识手段。参见宫元啓一：『ヴァイシェーシカ・スートラ』，臨川書店，2009，第 241 页。

② 理由、指示、标记、体相、度量、原因都是用来表述“意义”的声的同义词。

③ 《疏》具体指称的文献，不详。

同样，类推等包含在（推理认识）之中。

这样，量就只有两种[①]，而且“量性”是“正确的认识手段”或者“正确的认识”。

5. 忆念

忆念作为推理认识的一部分被解释（如下）：

VS-C. 9.22 从我与意的特殊结合以及潜在印象，忆念（产生）。

VS-U. 9.2.6 从我与意的特殊结合以及潜在印象，忆念（产生）。

对于想要火的人来说，因为基于所见的烟的产生，从我与内作具（= 意）的特殊结合和从称为“修习”的潜在印象，产生“有烟处有火”的忆念。

6. 梦

VS-C. 9.23 梦和梦中的认识亦如此。

VS-U. 9.2.7 梦亦如此。

VS-U. 9.2.8 梦中的认识亦如此。

感官停止、意识消失的人，只根据内作具（= 意）的认识就是梦。在梦中也有梦的认识，即“梦中的认识”。这两者（梦和梦中的认识）都因为基于先前的观念，从我与意的特殊结合、从伴随的“修习”[②]产生。

---

① 两种“量”：直接知觉（现量）和推理认识（比量），声、忆念等都被包括在推理认识之中。这里的“量”沿用了古译，需要特别注意的是，认识论中的“量”不是作为性质之一种的指示大、小等的“量”。

② 根据 VS-C ad 9.22，“修习”就是“潜在印象”。

VS-C. 9.24 从法和（非法产生梦）。

VS-U. 9.2.9 从法和（非法产生梦）。

以未曾了解的事物为对象的、指示善恶的梦的认识从法（产生）。“和”一词意为从非法也（产生梦）。

7. 无知与知

另一方面，对于觉醒的人来说，

VS-C. 9.25 从感官的错乱和潜在印象（产生）无知。

VS-U. 9.2.10 从感官的错乱和潜在印象的错乱（产生）无知。

对于因风等[①]的错乱而感官受损的人来说，从先前的白银体验产生的潜在印象以及从我与意的特殊结合，因为基于非法，（产生）“此物中有彼”的认识，就像（产生）“珍珠贝母中有白银”（的认识）。

犹豫不定的认识，就像南方人看见骆驼时（产生的认识）。

VS-C. 9.26 这是错误的认识。

VS-U. 9.2.11 这是错误的认识。

凡是疑惑的、颠倒的、犹豫不定的、以梦为表现（的认识）都是错误的，不是正确的认识。

VS-C. 9.27 无错误（的认识）是知。[②]

---

① 风等：黏液（śleṣman）、胆汁（pitta）、风（vāyu）三种是构成身体的要素，当这三种要素失去平衡时身体就会生病。

② “知”与 VS-C. 9.25 的“无知”对应，在古代佛典中常译为“明”和“无明”。

VS-U. 9.2.12 无错误（的认识）是知。

称为“直接知觉”和“推理认识”的无错误的（认识）就是所说的“知”。

8. 仙人与成就者的见识

VS-C. 9.28 仙人和成就者的见识从法（产生）。

VS-U. 9.2.13 仙人和成就者的见识从法（产生）。

其中，在过去的、未来的、现在的、超越了感官的、不取于文句的法等之中，圣仙们产生不基于标记的、直观的认识。

世间人们只是有时（产生）“我在心里说‘明天我兄弟来’”这样不确定的结果。那只依据思辨导出的是所说的“仙人（的见识）”。

另一方面，对于由安膳那药[①]和不死灵丹等获成就的人们来说，能以微细的、被覆障的、遥远的事物为对象（产生认识），或者从天、中空等的相状（产生关于）众生的法和非法的成熟认识，这就是“成就者的见识”。

此外，一般认为，“这（成就者的见识）与直接知觉和推理认识没有区别，仙人的（见识）则有区别”。

这样的仙人和成就者的见识，从特殊的法以及我与意的结合产生。

---

① 安膳那药：印度的一种眼药。

第十章　性质之四

1. 乐与苦

只有觉之后的内容尚未解明，现在解释乐、苦之认识的原因以及乐、苦。[①] 也就是，说“众生是乐、苦、妄想的”，这是不恰当的。

VS-C. 10.1 和合于“我”是乐、苦与五（种元素）及其依止物的性质都不相同的原因。

VS-U 缺

“和合于我”就是乐、苦与地等五（种元素）及其依存物的香、味、色、触之性质都不相同的原因。

因为不同的性质和合于不同的处所。

还因为“和合于我”是这两者（乐、苦）的“我执”的同一表述。

即使（乐、苦）和合于我，

VS-C. 10.2 因为喜爱和怨憎的原因不同且相互矛盾，所以乐、苦是相互不同的东西。

---

① 原因：ālambana，古代佛典一般译为“所缘”。参见 VS-C. 1.1.5 列举的性质，觉之后是乐、苦、欲、瞋、内在努力。

VS-U. 10.1.1 因为喜爱和怨憎的原因不同且相互矛盾，所以乐、苦是相互不同的东西。

女人等因产生乐，毒等因产生苦。而且，乐、苦是相互矛盾的，因为此消彼长。由此，两者是不同的，非同一性的，即使和合于同一者（我）。

2. 疑惑与确定

如果说："疑惑和确定只是相互不同，不存在事物中。"（回答）：不是，

VS-C. 10.3 此外，疑惑和确定的不同本性是认识不同的原因。

VS-U. 10.1.2 此外，疑惑和确定的不同本性是认识不同的原因。

从作为原因的不同事物的相互别异性产生疑惑和确定的本性。也就是对想要认识特性而特性未被把握的人来说，疑惑从所见的共性产生。疑惑（产生）之后，根据其他的认识手段，从已把握的特性（产生）"这就是柱子"的确定（认识）。

而如果这两者（疑惑和确定）不存在事物中的话，那么这两者就不应该从两种别异的原因产生。

由此，疑惑和确定是两种本性相互不同的认识。但是，可以（认为）"确定与直接知觉、推理认识没有区别"[1]。

VS-C. 10.4 两者（疑惑和确定）的产生由直接知觉和推论的认识解释。

VS-U. 10.1.3 两者（疑惑和确定）的产生由直接知觉和推论

---

① 确定的认识只有直接知觉和推理认识两种。

（解释）。

例如，对于具有忆念的“我”来说，看见直接知觉的标记之后，产生有关非直接知觉的认识。同样，由于只看见共性，对于具有忆念、想要认识特性的人来说，在特性未被把握时，产生“是柱还是人”的疑惑。

又例如，根据事物与事物的关系，产生“此物是同样的物”的直接知觉。同样，依据特性的关系，疑惑被消除的时候，产生“这是同样的物”的确定（认识）。

3. 关于果与因的认识

现在，考察对果和因的认识，

VS-C. 10.5“已产生”的直接知觉得到了解释。

VS-U 缺

从自身的原因产生果的时候，“已产生”是“这果已经被产生”的意思，是对果的认识。

由“从能分别的认识（产生）所分别的认识”这一规则解释，而且这是真实的。

另一方面，在其他情况下，从果的状态（产生对果的认识）是方便说法，也就是，果将要产生的情况，

VS-C. 10.6 所谓“将产生”是由所见性（产生）对果的不同（的认识）。

VS-U 缺

例如，积聚的因（丝）后来产生了可见的衣等果。同样，积

聚的因由于可见性，即使现在还未产生果的时候，方便说法的“果”一词也能产生“果将产生”的关于果的认识。

还有（果）正产生的情况。

VS-C. 10.7 同样，所谓“正产生”是由有依存和无依存（产生对果的认识）。

VS-U 缺

基于先前的结合，对于正感知所织之丝的人来说，后来的丝逐渐结合（成布）。感知不基于（衣）时，即对于看见布等中间结果的人来说，当作为果的实体正产生的时候，从已生的和未生的结合产生“现在产生果，果现在被产生”的认识。

此外，就像产生的时候，消亡的时候也同样，内在努力之后产生的瓶等实体消亡的时候，“曾有”的观念由“不存在对有的直接知觉”[①] 等文句解释了。所以，现在解释能变化的身体等。其中，（身体等）消亡的时候，

VS-C. 10.8“曾有”是因为“已无”。[②]

VS-U. 10.1.4“曾有”也（产生）。

“因为‘已无’”是“因为已消亡”的意思。

感知到手、足、头等肢体的分离之后，从作为消亡的非和合因的结合，果（= 身体）消亡时，产生“称为‘身体’的果‘曾有’”的认识。

---

① 参见 VS-C. 9.6。

② 也可译为：由“曾有”（产生）“已无”（的认识）。

其次，对消亡（的认识），

VS-C. 10.9（结合）存在和（不存在）时，从果的非和合（产生消亡的认识）。[①]

VS-U. 10.1.5（结合）存在和（不存在）时，从果的可见（产生消亡的认识）。

“存在”意为“结合时”，由“和”一词（指示了）“（结合）不存在时”。

杀手等（使身体）消亡[②]的因起作用的话，无论根据什么（工具），头等肢体的结合相分离时，还因为分离导致手等消亡时，因为不和合于作为果的身体等，因为（使身体）消亡的因（杀手）的非杀害性被唤起，根据所见的消亡和不消亡的结合，产生了“果消亡”的认识。

另一方面，对于“果曾有”的说法，（反论者：）“这是不合理的，因为根据目的，果只是消亡性的。”（回答：）这样的（“果曾有”）的认识是：

VS-C. 10.10 从看见和合于同一物中的不同因，在“同一物”的“一部分”中（产生）。[③]

---

① 这句经文的意思是：手、足等肢体的相互结合存在时和相互结合不存在时，从作为结果的身体不和合于手、足等肢体，产生“作为结果的身体消亡”的认识。

② 消亡：杀人并肢解，头、手等不和合于作为结果的身体，那么头、手、身体就都消亡了。不消亡：杀手的非杀害性被唤起，即停止杀戮，不被杀者的头、手、身体就不会消亡。

③ 根据注释，“同一物”是指“具有不同部分的同一物”，也就是具有头、手等部分的同一个身体。即以身体为例，经文的意思是：从看见和合于身体中的其他因（头、手等的部分），如从被砍掉的“手”，产生“这手的身体（果）曾经存在过”的认识。

VS-U. 10.1.6 从和合于同一物中的不同因的可见性（产生）。

在身体等任何同一物中，当手等部分的和合被感知时，那么在这些（手等肢体）中，“一部分”的认识就产生了。现在，这些（部分）分离后，已分离的（手等）被感知时，对具有一部分的同一物（身体）产生“果曾有”的认识。

问：“这些部分是什么？”回答：

VS-C. 10.11 “头、背、腹、手”，其（认识）从差异（产生）。

VS-U. 10.1.7 在“同一物”的“一部分”中，“头、背、腹、关节”，其（认识）从差异（产生）。

根据头性等自身的同和异，对这些（头等）产生认识。这些头等就是“部分”的意思。

另一方面，关于因的认识，

VS-C. 10.12 “因”（的认识）从实体中果的和合（产生）。

VS-U. 10.2.1 “因”（的认识）从实体中果的和合（产生）。

对看见作为果的实体、性质或运动和合于实体中的人来说，“因是实体”是真实的认识，因为果的被产生性。

另一方面，（果）未生时，

VS-C. 10.13 或者，从结合（产生关于实体的因的认识）。

VS-U. 10.2.2 或者，从结合（产生关于实体的因的认识）。

作为果（的布）将要产生的时候，由于丝等的相互结合，人也在相对于布的这些（丝）中产生因的认识。

VS-C. 10.14 从因的和合（产生）关于运动（的因的认识）。

VS-U. 10.2.3 从因的和合（产生）关于运动（的因的认识）。

从（运动）是合与离中不依于他物的因本身，从（运动）结合于作为这（合与离的）因的实体中，产生运动只是已生的（合与离的）因的认识。

现在，关于诸性质（的因的认识），

VS-C. 10.15 同样，关于色等（的因的认识）从因与因和合（产生）。

VS-U. 10.2.4 同样，关于色等（的因的认识）从与因和合于同一物（产生）。

果的色的和合因的情况，（如）在布等中，丝是那（布）的和合因；在那些（布）中，由于因（丝的色）和合于因（布的色）中，所以人们说“色等是因”。

由于“等”一词，关于未生果的色的因的认识也同样。[①]

VS-C. 10.16 从因的和合（产生）关于结合（的因的认识）。

VS-U. 10.2.5 从因的和合（产生）布的结合（的认识）。

因为布等果和合于作为和合因的丝等中，所以相对于（作为果的）实体（产生）关于结合的因的认识。

另一方面，当性质和运动产生的时候，

VS-C. 10.17 同样，也从因与非因的和合（产生关于结合的因

① 对尚未产生的果（布）的色，也产生“丝的色是布的色的因”的认识。

的认识）。

VS-U. 10.2.6 也从因与因的和合（产生关于结合的因的认识）。

火结合于（作为性质之）因的瓶和非因的火中，因为结合性，所以是燃烧生的因。

具有速力的实体结合于作为运动之因的被击打物以及非因的打击者中，因为结合性，所以是运动的因。

另一方面，“燃烧生”形成的时候，

VS-C. 10.18 从已结合的和合（产生对）火的特殊性（的认识）。

VS-U. 10.2.7 从已结合的和合（产生对）火的特殊性（的认识）。

极微的“燃烧生”色等（性质）生成的时候，（即火）与极微结合的时候，（“燃烧生”的）合依靠已结合于火中的热触的特殊性。

除了实体以外，结合是（性质）依于他处的因。

关于超越感官的元素等作为对象时（的认识），

VS-C. 10.19 推理被解释为正确的认识手段。

VS-U 缺

“推理”被称为“间接认识”。

“将产生”等果通过其（推理）被认识，这就是“推理被解释为正确的认识手段”。

4. 总结全论

在（本）论开篇，法应该被解释是主题。由此，为了探究其结论，虽然已作了（说明），（以下）两句经文再行解释，

VS-C. 10.20（圣典中）可见的、有可见意图的行为，在可见（的意图）不存在时，使人升天。①

VS-U. 10.2.8（圣典中）可见的、有可见意图的行为，在可见（的意图）不存在时，使人升天。

“天启圣典和忆念圣典中可见的实践行为，在可见的意图不存在时，就是使人升天的法”的意思。

而且，对那（升天）的理解已由圣典解释了。

此外，圣典的权威是成立的。

VS-C. 10.21“因为是他（自在天的）开示，所以圣典是权威。”如是说。②

VS-U. 10.2.9“因为是他（自在天的）开示，所以圣典的权威（是成立的）。”如是说。

身体和世界等作为果是神圣的自在天的认识，还因为（身体和世界等）是这（自在天）的所作，所以圣典的权威是成立的。

“如是说”一词是圆满完成的意思。

这样，通过对实体等法和非法的完全认识，通过因厌离而产生的智慧，还通过“我应该被认识”等文句，根据次第的祭祀，由获得的觉趣向至善。

不断给世人以欢喜的、明智之友月喜创作了这一注疏。

---

① 同 VS-C. 6.2.1。

② 参见 VS-C. 1.1.3。

缩略符与译释所用参考文献

一、缩略符

C ad VS	《月喜疏》(*Candrānandavṛtti*)中的注疏
Kir	《光环》(*Kiraṇāvalī*)
NK	《正理芭蕉树》(*Nyāyakandalī*)
PDhS	《摄句义法论》(*Padārthadharmasaṃgraha*)
Up	《奥义书》(*Upaniṣad*)
Vyo	《宛若虚空》(*Vyomavatī*)
VS	《胜论经》(*Vaiśeṣikasūtra*)
VS-C	《月喜疏》中的《胜论经》经文
VS-U	《补注》(*Upaskāra*)中的《胜论经》经文
VS-V	《解说》(*Vyākhyā*)中的《胜论经》经文

二、参考文献

1. 西文

Abhyankar 1951 M. V. Shastri Abhyankar ed., *Sarvadarśanasaṁgraha of Sāyaṇa-Mādhava*, Poona: Bhandarkar Oriental Research Institute.

Adachi	1992	Adachi Toshihide (安達俊英), "Liṅga in the Vaiśeṣika and the Mīmāṁsā", *Machikaneyama Ronsō* 待兼山論叢 26, pp. 27–41.
Akujkar	1970	Ashok Akujkar, "Candrānanda's Date", *Journal of the Oriental Institute* 19, pp. 340–341.
Amma	1985	Visweswari Amma, *Udayana and His Philosophy*, Delhi: Nag Publishers.
Basham	1969	Arthur Llewellyn Basham ed., *Papers on the Date of Kaniṣka*, Leiden: E.J. Brill.
Bhattacharya	1958	Dineshchandra Bhattacharya, *History of Navya-Nyāya in Mithilā*, Darbhanga: Mithilā Institute of Post-Graduate Studies and Research in Sanskrit Learning.
Bodas	2003	Mahadev Rajaram Bodas, *Tarkasaṁgraha of Annambhaṭṭa*, Pune: Bhandarkar Oriental Research Institute (first printed in 1897).
Bronkhorst & Ramseier	1994	Johannes Bronkhorst & Yves Ramseier, *Word Index to the Praśastapādabhāṣya: A Complete Word Index to the Printed Editions of the Praśastapādabhāṣya*, Delhi: Motilal Banarsidass Publishers.
Chemparathy	1970a	George Chemparathy, "The Īśvara Doctrine of the Vaiśeṣika Commentator Candrānanda", *Ṛtam* vol.1, no. 2, pp. 47–52.
	1970b	"Praśastapāda and His Other Names", *Indo-Iranian Journal* 12, pp. 241–254.
Cowell	1864	Edward B. Cowell, ed. & tr., *The Kusumánjali, or, Hindu Proof of the Existence of a Supreme Being / by Udayana Áchárya; with the Commentary of Hari Dása Bhaṭṭáchárya*, Calcutta: Baptist Mission Press.
Dasgupta	1957	Surendranath Dasgupta, *A History of Indian Philosophy*, vol.

		I, Cambridge: Cambridge University Press (first printed in 1922).
Faddegon	1918	Barend Faddegon, *The Vaiśeṣika System: Described with the Help of the Oldest Texts*, Amsterdam: Johannes Müller.
Frauwallner	1962	Erich Frauwallner, "Review of Muni Śrī Jambūvijayajī, ed., *Vaiśeṣikasūtra of Kaṇāda with the Commentary of Candrānanda*" , in Wiener Zeitschrift für die Kunde Süd- (und Ost-) Asiens.
	1956	*Geschichte der Indischen Philosophie II*, Salzburg: O. Müller.
	1955	"Candramati und sein *Daśapadārthaśāstram*" , O. Spies ed., *Studia Indologica: Festschrift für Willibald Kirfel zur Vollendung seines 70. Lebensjahres*, Bonn: Selbstverlag des Orientalischen Seminars der Universität Bonn, pp. 65–85.
Glasenapp	1949	Helmuth von Glasenapp, *Die Philosophie der Inder*, Stuttgart: A. Kröner.
Gough	1873	Archibald Edward Gough, tr., *The Vaiśeshika Aphorisms of Kaṇāda, with Comments from the Upaskāra of Śankara-miśra and the Vivṛtti of Jaya-Nārāyaṇa-Tarkapañchānaya*. London: Trübner & Co.
Halbfass	1992	Wilhelm Halbfass, *On Being and What There Is: Classical Vaiśeṣika and the History of Indian Ontology*, Albany: State University of New York Press.
He	2017	He Huanhuan (何欢欢), "Bhāviveka vs. Candrānanda" , *Acta Orientalia Hungarica* 70—1, pp. 1–20.
Isaacson	1995	Harunaga Isaacson, *Materials for the Study of the Vaiśeṣika System*, unpublished Ph.D. dissertation, Leiden: Rijksuniversiteit Leiden.
	1990	*A Study of Early Vaiśeṣika: the Teachings on Perception*, unpublished M.A. dissertation, Groningen: Rijksuniversiteit

		Groningen.
Jacob	1900	George A. Jacob, *A Handful of Popular Maxims: Current in Sanskrit Literature*, Bombay: Turkaram Javaji.
Jacobi	1895	Hermann Jacobi, tr., *Gaina Sūtra* (*The Sacred Books of the East*, vol. 45), Oxford: At the Clarendon Press.
	1911	"The Dates of the Philosophical Sūtras of the Brahmans" , *Journal of the American Oriental Society* 31, pp. 1–29.
Jambūvijayajī	1961	Muni Śrī Jambūvijayajī, ed., *Vaiśeṣikasūtra of Kaṇāda with the Commentary of Candrānanda*, Baroda: Oriental Institute (reprinted in 1982).
Jetly	2003	Jitendra S. Jetly, ed., *Śivāditya's Saptapadārthī: with a Commentary by Jinavardhana Sūri*, Ahmedabad: Institute of Indology (first printed in 1963).
	1971	ed., *Praśastapādabhāṣyam: with the Commentary Kiraṇāvalī of Udayanācārya*, Baroda: Oriental Institute.
Jetly & Parikh	1991	Jitendra S. Jetly and Vasant G. Parikh, ed., *Nyāyakandalī: Being a Commentary on Praśastapādabhāṣya, with Three Sub-commentaries*, Vadodara: Oriental Institute.
Jha	1977	Uma Ramana Jha, tr., *Dasa-Padarthi*, Jammu Tawi: Principal.
Jhā. G	1982	Gaṅgānātha Jhā, tr., *Padārthadharmasaṅgraha of Praśastapāda: with the Nyāyakandalī of Śrīdhara*, Varanasi: Chaukhambha Orientalia.
Kannu	1992	S. Peeru Kannu, *The Critical Study of Praśastapādabhāṣya*, Delhi: Kanishka Publishing House.
Kavirāj & Shāstri	1930	Gopi Nath Kavirāj and Dhundhirāj Shāstri, eds., *The Praśastapādabhāṣyam by Praśastadevācārya with Commentaries (up to dravya), Sūkti by Jagadīśa Tarkālaṅkāra, Setu by Padmanābha Miśra, and Vyomavatī by Vyomaśivācārya (to the end),* Benares: Chowkhamba Sanskrit Series Office.

Keith	1921	A. Berriedale Keith, *Indian Logic and Atomism: An Exposition of the Nyāya and Vaiśesika Systems*, Oxford: Clarendon Press.
Kumar	2013	Shashi Prabha Kumar, *Classical Vaiśeṣika in Indian Philosophy: On Knowing and What is to be Known*, New York: Routledge.
Lévi	1927	Sylvain Lévi, "La Dṛṣṭāntapaṅkti et son auteur" , *Journal Asiatique*, vol.X, pp. 95–27.
Lüders	1926	Heinrich Lüders, *Bruchstücke der Kalpanāmaṇḍitikā des Kumāralāta*, Leipzig: F.A. Brockhaus.
Matilal	1977	Bimal Krishna Matilal, *Nyāya-Vaiśeṣika*, Jan Gonda ed., *A History of Indian Literature*, Wiesbaden: Otto Harrassowitz.
Miyamoto	2007	Miyamoto Keiichi (宮元啓一), *Daśapadārthī: An Ancient Indian Literature of Thoroughly Metaphysical Realism*, Kyoto: Rinsen Book Co., Ltd.
	1996	*The Metaphysics and Epistemology of the Early Vaiśeṣikas: with an Appendix Daśapadārthī of Candramati (a Traslation with a Reconstructed Sanskrit Text, Notes and a Critical Edition of the Chinese Version)*, Pune: Bhandarkar Oriental Research Institute.
Nārāyaṇa	1969	Śrī Nārāyaṇa Miśra, ed., *Vaiśeṣikasūtropaskāra of Śrī Śaṅkara Miśra, with the 'Prakāśikā' Hindī Commentary by Ācārya Ḍhuṇḍhirājaśāstrī* (The Kashi Sanskrit Series 195), Varanasi: Chaukhambha Sanskrit Sansthan.
Nozawa	1993	Nozawa Masanobu (野沢正信), "The *Vaiśeṣikasūtra* with Candrānanda' s Commentary (1)" , *Numazu Kōgyō Kōtō Senmon Gakkō Kenkyū Hōkoku* 27, 1992 (1993), pp. 97–116.
	1986	"A Comparative Table of the *Vaiśeṣikasūtra*" , *Division of Liberal Arts, Numazu College of Technology* 20, pp. 75–

93.

1974 "The *Sūtrapāṭha* of the *Vaiśeṣikasūtra-vyākhyā*" , *Journal of Indian and Buddhist Studies* 45, pp. 24–27.

Potter 1977 Karl H. Potter, ed., *Encyclopedia of Indian Philosophies: Indian Metaphysics and Epistemology: The Tradition of Nyāya-Vaiśeṣika up to Gaṅgeśa*, Delhi: Motilal Banarsidass.

Radhakrishnan 1958 Sarvepalli Radhakrishnan, *Indian Philosophy*, vol. II, New York: The Macmillan Company, London : Gorge Allen & Unwin Ltd. (Eighth Impression)

Ramanujam 1979 P. S. Ramanujam, *A Study of Vaiśeṣika Philosophy: with Special Reference to Vyomaśivācārya*, Mysore: University of Mysore.

Ruben 1954 Walter Ruben, *Geschichte der Indischen Philosophie*, Berlin: Deutscher Verlag der Wissenschaften.

Ruzsa 2004 Ferenc Ruzsa, *Candrānanda's Commentary on the Vaiśeṣika-Sūtra,* unpublished.

Sastri 1983 Gaurinath Sastri, ed., *Vyomavatī of Vyomaśivācārya*, Varanasi: Sampurnanand Sanskrit Vishvavidyalaya.

Schubring 1935 Walther Schubring, *Die Lehre der Jainas: nach den alten Quellen dargestellt*, Berlin & Leipzig: W. de Gruyter & Company.

Sharma 1951 V. V., Sharma "Vaiśeṣika-sūtra" , *Journal of the Oriental lnstitute* 1, pp. 225–227.

Shastri. D. N 1964 Dharmendra Nath Shastri, *Critique of Indian Realism: A Study of the Conflict between the Nyāya-Vaiśesika & the Buddhist Dignāga School*, Agra: Agra University.

Shida 2015 Shida Taisei (志田泰盛), "On the Date of Śivāditya" , *Journal of Indian and Buddhist studies* 63–3, pp. 122–128.

Sinha 1923 Nandalal Sinha, tr. *The Vaiśeṣika Sūtras of Kaṇāda* (*with the*

Commentary of Śaṅkara Miśra and Extracts from the Gloss of Jayanārāyaṇa, together with Notes from the Commentary of Chandrakānta and an Introduction by the Translator), Allahabad: Pāṇini Office. (Second edition: revised and enlarged, first edition in 1911)

Suali 1913 Luigi Suali, *Introduzione allo Studio della Filosofia Indiana*, Pavia: Mattei & c.

Steinkellner 1979 Ernst Steinkellner, *Dharmakīrti's Pramāṇaviniścayaḥ: Zweites Kapitel: Svārthānumāna*, Wien: Verlag der Österreichischen Akademie der Wissenschaften.

Stcherbatsky 1909 F. Th. Stcherbatsky, *Nyāyabinduṭīkāṭippaṇī*, Saint-Petersbourg: J. Glasounof et C. Ricker.

Tachikawa 1981 Tachikawa Musashi (立川武蔵), *The Structure of the World in Udayana's Realism: A Study of the Lakaṣaṇāvalī and the Kiraṇāvalī*, Boston: D. Reidel Pub. Co.

Tarkapañcānana 1861 Jayanārāyaṇa Tarkapañcānana, ed., *The Vaiśeshika-darśana*, Calcutta: C.B. Lewis, Baptist mission Press.

Telang 1920 Mangesh Ramakrishna Telang, *Mahávidyā-vidambana of Bhatta Vádīndra: with the Commentaries of Ānandapurṇa and Bhuvanasundara Sūri, and the Daśa-sloki of Kulárka Pandita with Vivarana and Vivarana Tippana*, Baroda: Central Library.

Tanaka 1994 Tanaka Norihiko (田中典彦) *The Padārthadharmasaṃgraha of Praśastapāda, volume I: Dravyaprakaraṇa. [Part I Variant Readings of the Manuscripts (1)]*, Kyoto: [s.n.].

1991 "The Tradition of the *Padārthadharmasaṃgraha* in *Śāradā* Script", *Bukkyō Daigaku Kenkyū Kiyō* 75, pp. 1–24.

Thakur 2003 Anantalal Thakur, *Origin and Development of the Vaiśeṣika System*, D.P. Chattopadhyaya, ed., *History of Science, Phi-*

		losohpy and Culture in Indian Civilization, Volume II Part 4, Delhi: Motilal Banarsidass.
	1985	ed., *Vaiśeṣika-darśanam*, Darbhanga: Mithila Institute.
	1969	"The Problem of the *Vaiśeṣika-bhāṣya*" , *Proceedings of the 26th International Congress of Orientalists* (January 4—10, 1964 vol. III pt.I), New Delhi: Organising Committee XXVI International Congress of Orientalists, pp. 489-493.
	1965	"Studies in a Fragmentary *Vaiśeṣikasūtravṛtti*" , *Journal of the Oriental Institute* 14, pp. 330-335.
	1960	"Bhaṭṭavādīndra—The Vaiśeṣika" , *Journal of the Oriental Institute* 10, pp. 22-31.
	1957	ed., *Vaiśeṣikadaraśana of Kaṇāda with an Anonymous Commentary*, Darbhanga: Mithila Institute.
Ui	1917	Ui Hakuju (宇井伯寿), *The Vaiśeṣika Philosophy According to the Daśapadārthaśāstra: Chinese Text with Introduction, Translation, and Notes*, London: Royal Asiatic Society.
Vedantatirtha	1956	Narendra Chandra Vedantatirtha, ed., *Kiraṇāvalī of Udayanācārya*, Calcutta : The Asiatic Society.
Wezler	1982	Albrecht Wezler, "Remarks on the Definition of '*yoga*' in the *Vaiśeṣikasūtra*" , L.A. Hercus et. al. ed., *Indological and Buddhist Studies: Volume in Honor of Professor J.W. de Jong on His Sixtieth Birthday*, Canberra: Australian National University, Faculty of Asian Studies.

2. 日文

安達俊英	1987	「Vaiśeṣikasūtra の veda 観と liṅga」,『印度学仏教学研究』35—2，第 31—33 页。
宇井伯寿	1965	『印度哲學研究』(第一至六册)，東京：岩波書店。

何歓歓　2017　「陳那の名称をめぐって」,『国際仏教学大学院大学研究紀要』第 20 号，第 163—182 页。

金倉圓照　1971　『インドの自然哲学』，京都：平楽寺書店。

1966　『馬鳴の研究』，京都：平楽寺書店。

辻直四郎　1974　『サンスクリット文法』，東京：岩波書店。

本多恵　2009a　『虚空の如く』，京都：平楽寺書店。

2009b　『光輝の連なり』，京都：平楽寺書店。

1990　『ヴァイシェーシカ哲学体系』，東京：国書刊行会。

宮元啓一　2009　『ヴァイシェーシカ・スートラ——古代インドの分析主義的実在論哲学』，京都：臨川書店。

1999　『牛は実在するのだ！: インドの実在論哲学「勝宗十句義論」を読む』，東京 : 青土社。

1998　「新・国訳『勝宗十句義論』」,『国学院大学紀要』35，第 1—30 页。

宮坂宥勝　1971　「Mahābhāṣya と Vaiśeṣika」,『智山学報』(密教文化論集 : 芙蓉良順博士古稀記念) 19，第 15—24 页。

中村元　1977—1978「ヴァシェーシカ学派の原典」,『三康文化研究所年報』10—11，第 1—156 页。

1959　「普遍の観念を手がかりとするヴァイシェーシカ体系の考察」,『印度学仏教学研究』7—2，第 300—313 页。

定方晟　1972　「勝論の起源とアリストテレス哲学」,『印度学仏教学研究』21—1，第 64—71 页。

3. 中文

陈寅恪　1927　“童受《喻鬘论》梵文残本跋”,《国立中山大学语言历史学研究所周刊》第一集第三期。

第欧根尼・拉尔修　2003　《名哲言行录》(马永翔、赵玉兰等译)，吉林人民出版社。

何欢欢　2017a　“《月喜疏》与‘二指喻’——古印度胜论哲学之谜考释”,《哲学研究》2017 年第 3 期。

2017b　“‘陳那’名諱考”,《文史》(中華書局)2017 年第 1 辑。

	2015	“是谁弄错了窥基的名字”，《东方早报》（上海书评），2015年12月20日。
	2013	《〈中观心论〉及其古注〈思择焰〉研究》（上、下卷），中国社会科学出版社。
黄宝生（译）	2010	《奥义书》，商务印书馆。
黄心川、宫静	1982	“古代印度、希腊原子论的比较观”，《哲学研究》1982年第3期。
恰托巴底亚耶	1980	《印度哲学》（黄宝生、郭良鋆译），商务印书馆。
汤用彤	2002	《印度哲学史略》，河北人民出版社。
王森	1984	“七句义论”，载《燕园论学集》，北京大学出版社。
[汉]许慎撰 [清]段玉裁注	1981	《说文解字注》，上海古籍出版社。
姚卫群	2003	《古印度六派哲学经典》，商务印书馆。

译者导言

一、何谓“胜论”？

公元前五、六世纪，释迦牟尼创立佛教前后，南亚次大陆出现了一种以试图系统描述并解释自然界为基本特征的思潮。此后，在几乎相同的时空，该思潮与佛教等各种宗教哲学流派并行发展。伴随着理论的系统化，学说逐渐传承为学派，称“Vaiśeṣika”，是古印度婆罗门教正统六派哲学的重要一派。[①]

Vaiśeṣika 一词在古代佛教文献中常音译为吠世史迦、毗世师、卫世师等，或意译为胜宗、胜论、胜异等。就古典梵文文法来说，Vaiśeṣika 先由动词√ śiṣ 加前缀 vi，构成名词性兼形容词性的 viśeṣa，意思由动词性的“区别、特殊化”转变为名词性兼形容词性的“特别（的）、优异（的）”；viśeṣa 再根据“Taddhita 接尾词”规则之一——词头元音 i“三合”变为 ai，原本的尾音 a 消

---

① 其余五派为正理派、数论派、瑜伽派、弥曼差派、吠檀多派。六派均尊奉婆罗门教的“吠陀”为权威，与佛教、耆那教、顺世论三大否定婆罗门教根本纲领（吠陀天启、祭祀万能、婆罗门至上）的学派相对，六派被称为“正统派”，后三则是“非正统派”。

失[1]——加词尾 ika 二次派生成与语干 viśeṣa 有附属或关联关系的名词兼形容词 vaiśeṣika，意思则演化为特殊 / 卓越的人或事，即古译“胜”“异”“胜宗”“胜论”等。另外，由于本派核心哲学“六句义”之第五句义“异”即 viśeṣa 一词，故学派名称亦被认为可能源出该“异句义”。

关于 Vaiśeṣika 一名的涵意，常以慈恩大师（基，632—682）[2] 在《成唯识论述记》中的分析为准：

> 亦云“吠世史迦”，此翻为“胜”。造《六句论》，诸论罕匹，故云“胜”也；或胜人所造，故名“胜论”。旧云“卫世师”，或云“鞞世师”，皆讹略也。[3]

也就是说，“胜”可有两种意思：一是该学派的“六句（义）论”胜过其他各派诸论说；二是该理论为“胜人”所造，即祖师或学派传人为胜于常人、异于常人之人。是故，教义可称为“胜论”，学派则是“胜宗”。

然而，慈恩大师评价旧译“卫世师”与“鞞世师”是“讹

---

① “三合”：vṛddhi，古典梵文文法术语。参见辻直四郎：『サンスクリット文法』，岩波書店，1974，第 215—217 页。此外，常见的一组词“Madhyamaka（中观）→ Mādhyamika（中观派、中观师）”，是相同的造词法。

② 关于慈恩大师名讳之“基”与“窥基”，参见何欢欢：“是谁弄错了窥基的名字”，《东方早报 · 上海书评》，2015 年 12 月 20 日。

③ 《大正藏》第 43 册，第 255 页中。基撰《因明入正理论疏》中有类似表述：亦云“吠世史迦”，此云“胜论”。古云“鞞世师”“卫世师”，皆讹也。造《六句论》，诸论中胜，或胜人造，故名“胜论”。（《大正藏》第 44 册，第 117 页下）

略”（音译的讹误和省略）并不十分恰当，因为两词均可看作是对vaiśeṣi的音写，词尾-(i)ka虽未用汉字音表出来（亦可能是梵语发音时尾音轻省），但“师”字之妙用很好地体现了Vaiśeṣika一词指称学派或者学者（论师）的意思，作为尾缀的-(i)ka之意义功能俱现，可谓音译蕴含意译的善巧缩译。当然，不可否认的是，省略的音译在表意上不够完整清晰，即“卫世师”与“鞞世师”不及“胜”或“胜论”“胜宗”易被理解，故经慈恩大师批判后，中国佛教传统普遍以“胜（论/宗）”来称呼这一古老的印度宗教哲学思想、奉行此种学说教义之人及其传承流派。

佛教典籍多取胜论与数论为婆罗门教正统学派的两大代表，经常并举或对比批判两派学说，如三论宗祖师嘉祥吉藏（549—623）在《百论疏》中记：

卫世师称为“胜异”。异于僧佉、胜于僧佉，故名“胜异”。[①]

“僧佉”是古代对Sāṃkhya（数论）的一种音译。吉藏大师的说法反映了佛门弟子对异己外道的典型认知。

伴随着印度佛教在其他国家的传播与发展，引述于佛典中的胜论思想对中国、日本等国的知识阶层都曾产生过一定的影响。玄奘大师（600/602—664）于648年在弘福寺翻经院译出《胜宗十句义论》[②]，虽应没有弘扬异教之心意，却在客观上传播了胜

① 《大正藏》第42册，第264页下。

② 关于《胜宗十句义论》，详见“导言”第四部分。

论派的学说。不仅弟子慈恩、普光（生卒不详）、再传弟子智周（668—723）等有所研习传述，唐初哲学家吕才（606—665）曾把胜论的“极微”（aṇu）与《易传》的“气”都看作物质性的元素，并认为是世界的根源。[①] 在日本，直至江户时代仍有不少僧人传习《胜宗十句义论》，快道（1751—1810）、宝云（1791—1847）等学问僧撰写的注释流传至今。

在印度，这种带有自然主义色彩的、“胜异”的思想学说发展到约公元五、六世纪时，逐渐形成了成熟的哲学体系，并且开始强调从“形而下”向“形而上”的转化。七世纪前后，与被称为“姊妹学派”的正理派（Nyāya）混合发展。在十世纪左右，形成了新学派“正理-胜论”（Nyāya-Vaiśeṣika）而丧失了独立性。约十三世纪，在正理思想的强势作用下，正理-胜论派最终形成了“新正理派”（Navya-Nyāya）——这一被当代印度学者视为传承至今的宗教哲学流派。如印度著名思想史学家达曼达罗·萨斯特利在 1964 年出版的《印度实在论批判：正理-胜论学派与佛教陈那学派之争的研究》一书中写道：“在某种意义上，正理-胜论学派的传统到目前为止是不间断的。”[②] 这是印度本土学者对胜论思想延续至现代的一种感知与认识，也意味着这一古老的宗教哲学传统在经历了产生、兴盛、演化之后，随着社会的变迁持续地发挥着影响。

---

① 黄心川、宫静：“古代印度、希腊原子论的比较观”，《哲学研究》1982 年第 3 期。

② Dharmendra Nath Shastri, *Critique of Indian Realism*, Agra University, 1964, p. 29.

古印度著名的政治家、哲学家考底利耶（Kauṭilya，约公元前350—公元前275）在其《利论》（*Arthaśāstra*）一书中提到了数论派、瑜伽派和顺世论，但没有谈及胜论。据此，学界一般公认作为学派的胜论派不太可能早于公元前300年出现。而在《大毗婆沙论》《大庄严经论》《佛所行赞》等佛教典籍以及印度最早的医学书《遮罗迦本集》（*Carakasaṃhitā*）等公元150—200年左右形成的文献中，都可以见到并举胜论与数论两大代表学派的情况，故通常认定其时的胜论已经以独立学派的形象为人所知。因此，当代学者多认可胜论派在公元前二世纪至公元前后形成了一定的规模，并以推断的《胜论经》之成型年代为主要标志。[①] 然而，胜论思想的早期萌芽，则应该上溯至释迦牟尼的同时代。

二、胜论思想的起源

胜论与古印度大部分宗教哲学流派的情况类似，可被勘定为属于本派起源阶段的资料几乎没有传承下来。换句话说，《胜论经》定型之前的“历史”，基本依靠后世胜论以及佛教等其他学派记载的传说或者体现的思想来作追溯性的猜测与发散性的联想，即所谓从现代学术研究的角度，构拟种种似乎合于逻辑、近于史实的图景。

百余年前，欧洲和日本的印度学界就开始了这一复原式的

① 关于《胜论经》及其年代，参见“导言”第四部分。

“寻根”工作。德国的雅可比[①]、俄罗斯的舍尔巴茨基[②]、荷兰的范德贡[③]、苏格兰的凯斯[④]、意大利的苏阿里[⑤]、日本的宇井伯寿[⑥]等印度学家兼或佛学家都对胜论学派的历史与教义作了大量深入研究，就其学说起源的思想史背景这一问题，提出了多种不同的看法。稍后，德国的印度学家格拉士纳总结当时学界的意见为三种。[⑦]二十世纪七十年代，日本的印度学与佛教学家金仓圆照补充阐述为五种。[⑧]

笔者重新耙梳了诸位先贤的研究，并参照金仓圆照之后近半个世纪新出的资料与成果，整理了有关胜论思想起源的旧说新论为以下四种。

1. 古希腊柏拉图-亚里士多德的范畴论

如果说胜论思想萌芽于释迦牟尼之同时代或稍后，那么在接下来的几百年时间内如何形成理论精致、形式整齐的《胜论经》，即其学说的发展演化过程，应该在历史文献中留下些许痕迹，然而，这方面的佐证材料却几乎为零。据此，日本学者宫元啓一指出，公元前二世纪“突然出现”的以“六句义”为核心的哲学体

---

① Hermann Jacobi, “The Dates of the Philosophical Sūtras of the Brahmans”, *Journal of the American Oriental Society* 31, 1911.

② Stcherbatsky, *Nyāyabinduṭīkāṭippaṇī*, J. Glasounof et C. Ricker, 1909.

③ Barend Faddegon, *The Vaiśeṣika System*, Johannes Müller, 1918.

④ A. B. Keith, *Indian Logic and Atomism*, Clarendon Press, 1921.

⑤ Luigi Suali, *Introduzione allo Studio della Filosofia Indiana*, Mattei & c., 1913.

⑥ Ui Hakuju, *The Vaiśeṣika Philosophy According to the Daśapadārthaśāstra*, Royal Asiatic Society, 1917.

⑦ Helmuth von Glasenapp, *Die Philosophie der Inder*, A. Kröner, 1949.

⑧ 金倉圓照:『インドの自然哲学』, 平楽寺書店，1971。

系，缺少缓慢的历史演进过程，必然是受到了直接且巨大的外部影响——古希腊人入侵印度后带来的柏拉图-亚里士多德的哲学及其思维模式。[①]

公元前327年，马其顿帝国的亚历山大国王在消灭了波斯帝国后进兵印度，次年征服了印度西北部的旁遮普一带（现属巴基斯坦地区）。虽然马其顿大军不久便撤退，但是古希腊人开辟了经由中亚、阿富汗等出入西北印度的通道，并逐渐在旁遮普建立起外来的殖民文化。公元前250年左右，趁着印度孔雀王朝内外衰败之际，作为古希腊人后裔的巴克特里亚统治势力占领了旁遮普地区，后迁都至呾叉始罗（现塔克西拉）。佛教文献中著名的"弥兰陀王"（汉译《那先比丘经》、巴利语 *Milinda Pañha*《弥兰陀王问经》），就是从古希腊人的巴克特里亚王国分裂出来的印度-希腊国王"米南德一世"。对佛教颇感兴趣的弥兰陀王（米南德一世）重视不同文明间的互相交融，在他的统治下，国势强盛、思想活跃——《那先比丘经》即是弥兰陀王向佛教比丘那先（Nāgasena）问道讨论的集录。

在这一历史背景下逐渐形成的具有浓厚自然主义色彩的胜论思想，一方面，与严格秉承"吠陀天启""祭祀万能"等神性信仰的印度本土文化迥异；另一方面，其核心教理"句义"与柏拉图-亚里士多德的"范畴"有着惊人的相似之处。

"句义"的梵文 Padārtha 一词，由 pada（句，语言、概念）和 artha（义，对象、目的）两字合成而来，意思是"与概念相对应的

① 宫元啓一:『牛は実在するのだ！』, 青土社，1999，第19—21页。

实在（物）”。汤用彤先生曾解释为：“句义一字，胜论未详解，句者名言，义之为言境也。此盖谓依名言思考而实境显现。”[①]“句义”是古译，现代学术研究参照西方哲学术语常译为更加通俗易懂的“范畴”“Categories”等。“句义”主要有六种，称为“六句义”。

日本学者中村元曾以“六句义”体系中的“同句义”（sāmānya，普遍性、遍在性）为中心，比较了胜论思想与柏拉图-亚里士多德体系，指出：胜论的“实（dravya，实体）、德（guṇa，性质）、业（karman，运动）、同（sāmānya，普遍性）、异（viśeṣa，差异性）”五个“句义”相当于柏拉图-亚里士多德范畴论中的“实体（ousia）、静止（stasis）、运动（kinēsis）、同一性（tautotēs）、别异性（heterotēs）”五种。[②]而且，“十范畴”与仅存汉译的《胜宗十句义论》中的“十句义”可基本对应。不同之处在于，范畴体系中没有“六句义”所说的“和合”（samavāya，内属关系）这一概念，中村元认为这恰恰可能是古希腊的范畴思想在古印度的一点新发展。

与此同时，中村元也强调了古印度以雅利安语为主的语言文法传统对胜论之“句义”理论的影响。[③]也就是说，胜论并不是简单地接受或者复制了柏拉图-亚里士多德哲学，而是在其理念的影响下与本土的梵文等语言文法规则相结合而发端的，故“句义”与“范畴”实际上有着不少差别。对于两种思想体系的不同“性

① 汤用彤：《印度哲学史略》，河北人民出版社，2002 年，第 117 页。

② 中村元：「普遍の観念を手がかりとするヴァイシェーシカ体系の考察」，『印度学仏教学研究』7—2，1959，第 300—313 页。

③ 参见下文“古印度的语言文法传统”部分。

格”，中村元概括为：与古希腊之“范畴”的自然性相比，古印度胜论的“句义”毋宁说是形而上学或者逻辑学的。

日本学者定方晟在“胜论的起源与亚里士多德哲学”一文中作了较好总结，他从“胜论哲学的特异性、其特异性与亚里士多德哲学的一致性、亚里士多德哲学对印度产生影响的可能性”三个方面考察了胜论之起源与古希腊哲学的关系。定方晟提出：胜论学说的一些特性与耆那教、弥曼差派等本土的宗教哲学流派有着根本的差异，而与亚里士多德哲学颇多相似，尤其是“句义”与“范畴”两个概念的外延内涵相近。同时，他还赞同中村元的主张，即认为：胜论思想起源于古希腊柏拉图-亚里士多德哲学和古印度语言文法传统的双重影响。①

值得一提的是，传说胜论学派的创立者“迦那陀”（Kaṇāda）的别名是“优楼迦”（Ulūka），该词意为“猫头鹰”。② 梵文 Ulūka 一词有着微妙的古希腊语词源，而且象征着智慧的猫头鹰被认为是古希腊智慧女神的使者。这一词源关系也被视为暗示了胜论思想很有可能受到了古希腊哲学的影响——智慧女神的信使“优楼迦”（猫头鹰），把古希腊的学说理论传送到了古印度，从而建立了胜论派。此外，在耆那教的典籍中，胜论学派的创始人经常被称为 Ṣaḍ-ulūka，即“宣扬六（句义）的猫头鹰”。

2. 耆那教的原子论与三元论

除了范畴思想以外，由古希腊的德谟克利特开创，并被亚里

① 详见定方晟：「勝論の起源とアリストテレス哲学」，『印度学仏教学研究』21—1，1972，第 64—71 页。

② 关于迦那陀（优楼迦），详见“导言”第三部分。

士多德等哲人承扬的原子理论，也可以在胜论的体系中找到相似的内容，即称为“极微”（aṇu、paramāṇu）的教义。现代学界亦常用“原子”“atom”等词来翻译梵文 aṇu 或 paramāṇu。

英国的科技史学家、生物化学家李约瑟在其名著《中国科学技术史》中曾指出“印度的原子论似乎（比希腊）晚一些”[①]，提示了胜论的极微学说源自古希腊哲学的可能性。但是，印度学家大多主张古希腊的原子论曾受到了在古印度首倡极微思想的耆那教的影响。也就是说，早在亚历山大大帝进入南亚次大陆以前，古希腊和古印度之间很可能就以古波斯为中介有着往来交流，甚至古希腊的泰勒斯、恩培多克勒、安那克萨哥拉和德谟克利特四位圣贤智者为了求知，曾远游到过东方——如第欧根尼·拉尔修（约 200—250）在其名著《名哲言行录》中根据传说写道：“有人说他（德谟克利特）与印度的苦行僧也有联系。”[②]“苦行僧”很可能就是耆那教的天衣派。[③]

此外，以恰托巴底亚耶为代表的一些学者则认为，不同的国家有可能独立而平行地发展出相似的学说，而且“即使是一种外来观念，要扎根于一种新土壤，也必须事先备有这种土壤”[④]。

---

① 转引自黄心川、宫静：“古代印度、希腊原子论的比较观”，《哲学研究》1982 年第 3 期。

② 〔古希腊〕第欧根尼·拉尔修：《名哲言行录》（马永翔、赵玉兰等译），吉林人民出版社，2003 年，第 577 页。

③ 耆那教是略早于佛教产生的古老“外道”。初祖“大雄”（Mahāvīra，约公元前 599—公元前 527）即汉译佛教文献中的尼揵陀若提子，又名筏馱摩那（Vardhamana）。耆那教分为“天衣派”（裸形）和“白衣派”两大支。

④ 〔印度〕恰托巴底亚耶：《印度哲学》（黄宝生、郭良鋆译），商务印书馆，1980 年，第 162 页。

上述关于原子论之创始者的讨论中，后两种观点事实上揭示了在探讨胜论的起源时并不需要“舍近求远”，而应该在古印度内部寻找其思想的根源，即发端于非婆罗门教系统之本土耆那教学说的可能性。

以研究耆那教著名的德国籍印度学家舒布林是较早提出胜论学说与耆那教义相似的学者。他认为，耆那教初祖大雄死后的 544 年，即公元 17 年左右，教中出现的异端学者查鲁亚・柔哈古特（Chaluya Rohagutta）很可能是胜论派的真正创立者，从而提出胜论源自耆那教、是耆那教的一个分支流派的观点。舒布林的理由主要有二：①

首先，查鲁亚・柔哈古特在耆那教根本教义之“命我”（jīva）与“非命我”（ajīva）所构成的“二元论”（Dvaita）的基础上，增加了称为“非非命我”（nojīva）的既非知性亦非非知性的第三种存在，形成了新的“三元论”（Terāsiya）。胜论思想可能源自属于耆那教异说的这种三元论。

其次，查鲁亚・柔哈古特的名字别有意蕴：Chaluya 中的 cha 可暗指胜论“六句义”中的“六”（ṣaṣ），luya 则与传说之初祖迦那陀的别名 Ulūka 有关。

虽然舒布林承认从查鲁亚・柔哈古特的三元论无法直接导出胜论派的句义论哲学体系，但仍坚称在查鲁亚・柔哈古特论辩的 144 条耆那教条规中，不难看出可以成为胜论学说起源的思想基础。

---

① Walther Schubring, *Die Lehre der Jainas*, W. de Gruyter & Company, 1935, p. 13. 金倉圓照:『インドの自然哲学』，平楽寺書店，1971，第 8 页注 2。

以《胜宗十句义论》的研究为博士论文的宇井伯寿虽然也主张胜论派的“极微”等不少术语与概念都有可能源自耆那教，但在细致研读了查鲁亚·柔哈古特的理论后，指出胜论的哲学体系与耆那教的三元论之间并不存在必然联系，耆那教的第六次分裂也不可能成为引发胜论思潮乃至学派的一大原因。因此，宇井伯寿实际上否定了舒布林的结论，而是主张胜论学说并非起源于耆那教的三元论，只是仍然认同应该在耆那教中寻找胜论的思想渊源，而且强调胜论派的精致的原子论是从印度哲学史上率先倡导“极微”的耆那教的思想发展进化而来的。[①]

与此同时，在这篇收于《印度哲学研究》（第三册）的长文“《胜论经》中的胜论学说”中，宇井伯寿除了比较胜论派与耆那教之极微思想外，还考察了胜论派更为重要的核心哲学“句义”源自耆那教的高度可能性。他指出：“实（实体）、德（性质）、业（运动）”三句义的根本思想可能直接源自耆那教古说，而“六句义”则可对应耆那教的“五元素”（灵魂、法、非法、虚空、物质）这一“唯物”（Lokāyata）思想。具体来说，胜论派“实句义”中的地、水、火、风、意相当于耆那教所说的“物质”，而且每一种物质都有自己的触、味、色、香等属性，以及上升、下降等运动；“实句义”中的“我”相当于耆那教的灵魂，胜论派的虚空、时间、方位的概念类似于耆那教对虚空的描述。然而，宇井伯寿最后却把结论指向了“一般社会”：胜论这种明显有别于婆罗门教

① 宇井伯寿：「勝論経に於ける勝論学説」，『印度哲學研究』第三册，岩波書店，1965，第424—438页。

传统思维方式的学说，并非完全以耆那教一家为其源头，而是当时一般社会（六师外道）共有的思想意识。[①] 换句话说，宇井伯寿主张胜论思想发端于以耆那教为中心的“六师外道”。

此外，汤用彤一方面参考并采纳了宇井伯寿的主要观点，但同时也指出了上述考析的问题所在：“迹胜宗之精神或与六师中说最符合，然二方关系究如何，则无事实佐证甚难言。或者实一时潮流，胜宗即自其时孕育而成，无一定传统之关系也。”[②] 尽管汤用彤似乎更倾向于认为胜论派适逢历史时机的“自发”产生性，但仍以宇井伯寿的文本考察为基础，整理了两派的四点相同之处，以支持胜论派出自耆那教的说法：两派都主张“极微”是恒常之物；耆那教的“五实”与胜论的“九实”多有重合之处；耆那教的“二句义”或“三句义”与胜论的“六句义”虽不尽相同，但后者可由前者演进而来；两派均主张“因中无果”，且于“极微”外另立“我”。

持相近观点的还有雅可比与奥地利著名的印度学家、佛学家弗劳瓦尔纳，两人都主张胜论思想及其学派的形成与发展受到了耆那教的唯物论的深刻影响。[③] 其中，雅可比的依据主要是集中体现在耆那教《经・业支》（*Sūtra-kṛtāṅga*, II. 1. 22）中的“元素”理论：[④]

---

① “六师外道”是佛教对主要的非婆罗门教派的称呼，以耆那教和顺世论最为著名，还包括无作论、宿命论、不可知论、原子论等，不同文献记载略有差异。

② 汤用彤：《印度哲学史略》，河北人民出版社，2002 年，第 114 页。

③ Erich Frauwallner, *Geschichte der Indischen Philosophie II*, O. Müller, 1956, p. 15. 金倉圓照：『インドの自然哲学』，平楽寺書店，1971，第 6 页。

④ 转译自雅可比的英译，Hermann Jacobi, tr., *Gaina Sūtra*, At the Clarendon Press, 1895, p. 343。此外，《经・业支》I. 1. 15—16 有相似内容。

> 应该知道人是由例举之元素和合（samavāya）而成的：地是第一元素，水是第二、火是第三、风是第四、空是第五（元素）。五元素不是直接或间接地被创造的，也不是被制作的。这些（五元素）不是结果也不是原因。这些（五元素）无始无终，产生恒常的结果，是支配的原因，或者独立于其他所有物。这些（五元素）是永恒的。但是，人们也说五元素以外有“我”存在。存在物不灭。从无不产生任何物。

耆那教这一唯物论的独特之处还在于承认“五元素”之外存在着“我”，与胜论主张的“实句义”及其相对独立之“我”的概念非常相近。

然而，格拉士纳反对雅可比的论断，提出质疑：“五元素”以外的“我”作为结果是不死的个人之灵魂，还是与地、水、火、风、空“五元素”一样，是个体死时与其他元素合一、归于宇宙的永恒元素？格拉士纳认为后者更贴近耆那教教义，但如此彻底的唯物思想就会否定道德世界的秩序和行为的因果报应，与胜论派所信奉之婆罗门教的轮回与解脱理念相背道而驰，故不可能成为胜论思想之起源动力。同时，格拉士纳还提出，就“极微”“意”等胜论派和耆那教双方共同持有的相似概念来讲，这些思想迥异于古印度的其他宗教哲学流派，是特立于同一历史时期的异说，但很难断定究竟是胜论受到了耆那教的影响还是反向为之。[①]

---

① Helmuth von Glasenapp, *Die Philosophie der Inder*, A. Kröner, 1949, pp. 234ff. 金倉圓照：『インドの自然哲学』，平楽寺書店，1971，第 4 页。

3. 古印度的语言文法传统

如前所述，中村元在阐释胜论派的句义学说受到了柏拉图-亚里士多德范畴理论之影响的同时，指出了古印度本土母语对其思想之形成与演化所起到的重要作用。但是，较早提出并论证这一观点的当属德国的印度学家鲁本，而他也是在与古希腊哲学的比较中得出胜论思想可能起源于古印度语言文法传统这一结论的。[①]

鲁本认为，应该借助古希腊人的眼光来看待胜论学说的起源。柏拉图-亚里士多德的思想传统更加注重对自然和社会的多样性探求，没有很多从语言文法的角度来解释或理解自然与社会的表现；相比之下，古印度的胜论哲学强调以名词、形容词、动词等在文法意义上的差别来区分事物的形状、特性、运动等等，且在此语言文法理论的基础上发展出了独特的句义体系，故与范畴理论有着重要区别。

简要来说，鲁本的观点是以印度本土语言及其所表达的思维模式为胜论思想产生的主因，而外来之古希腊哲学的影响则为诱发的次因；中村元的主张则以柏拉图-亚里士多德的理论刺激为胜论起源的主因，而梵文俗语的土壤则为次因。

鲁本和中村元讨论的胜论思想与印度语言文法传统之间的关系，主要指的是古印度之梵文俗语（印度-雅利安语等）的独特的语法规则在表达“句义”等思想内容时的较直接体现，甚至可以说胜论的某些教义提炼自母语的文法现象或规则。可举“白牛跑”

---

① Walter Ruben, *Geschichte der Indischen Philosophie*, Deutscher Verlag der Wissenschaften, 1954, pp. 190–192. 金倉圓照:『インドの自然哲学』，平楽寺書店，1971，第6—7页。

这一句话来概要解释：名词“牛”对应“实句义”，指称“牛”这一种实体；形容词“白”对应“德句义”，指称“实句义”（牛）具有的白色的性质；动词“跑”对应“业句义”，指称“实句义”（牛）具有的跑这一动作。此外，隐含在“白牛跑”这一表述中的概念关系还有：这里的“牛”是通称，即具备“有角、有隆肉、尾端有毛、有垂皮”（VS-C.2.1.8）等普遍共性的一种同类物，称为“同句义”；对于马等其他动物来说，“有角”等牛的共性则是一种差异性，称为“异句义”；“白”不能从牛身中剥离出来，“跑”也不能从牛体中独立出来，故“白”与“跑”是内属于“牛”的性质，同时也构成了“牛”，这种不可分离的内属关系，称为“和合句义”。

日本学者宫坂宥勝在“*Mahābhāṣya* 与 Vaiśeṣika”一文中，考察了他称之为“原始胜论”的思想与古印度最著名的文法学家钵颠阇梨（Patañjali，约公元前二世纪）所著之波尼你（Pāṇini）文法的注释书《大疏》（*Mahābhāṣya*）的渊源关系，指出胜论关于“声”（śabda，语言）的本质的讨论，很可能源自《大疏》，而且《大疏》中亦零散可见对“实”“德”等胜论之句义的论述。[①]

宫坂宥勝的这一考论虽然把泛化的、可作为思想生发之普遍背景的语言文法传统，具体到以钵颠阇梨为代表的古印度文法学派，比鲁本、中村元等人的讨论更加明确切实。但是，学界一般公认《大疏》的成立年代为公元前150年左右，可以说与《胜论

① 宮坂宥勝:「Mahābhāṣya と Vaiśeṣika」,『智山学報』19，1971，第15—24页。

经》的出现属于同一时期，故很难断定是钵颠阇梨影响了迦那陀，还是现存的《大疏》受到过《胜论经》的影响。更重要的是，关于“声”的讨论，如“声常住”（声是恒常）与“声无常”（声非恒常）等，虽以语言文法学派的记载为最丰盛，却也是古印度各宗教哲学流派都热衷论辩的醒目话题之一，以其为代表缺乏典型性。

因此，宫坂宥勝的研究实际上并不能说明胜论之起源在多大程度上受到了以钵颠阇梨为代表的古印度文法学派的影响。笔者认为，母语对思想之影响是一般存在的普遍状态，当时的俗语梵文对胜论之兴起与发展必然产生了一定的作用，但这对操同类型语言的古印度其他宗教哲学流派来说应该是基本同质的，只是可能由于侧重点、关注度等的不同而导致了表现出来的思想形态各异纷呈。

4. 前弥曼差派的祭祀思想

出生于孟加拉国的著名印度学家达斯古帕塔为代表的一些学者认为，胜论源自较古时期的以吠陀为中心、极端重视祭祀及其阐释的前弥曼差（Pūrva Mīmāṁsā），甚至可以说是该派的一个分支，其论据主要有以下四条：①

第一，《胜论经》以解释“法”（dharma）开篇，经文VS-C.1.1.1：athāto dharma vyākhyāsyāmaḥ；这一表述形式与传为耆米尼（Jaimini，约公元前四世纪）所作的《弥曼差经》

---

① Surendranath Dasgupta, *A History of Indian Philosophy*, vol. I, Cambridge University Press, 1957, pp. 280–285.

（*Mīmāṁsāsūtra*）的首句经文非常相似：athāto dharma jijñāsā。更重要的是，宗教神性意味浓厚的“法”给人的第一印象似乎与自然理性的“句义哲学”没有直接关系。

第二，《胜论经》VS-C.1.1.2-3 两句经文进一步规定了“法”的本质，同时确立了吠陀的权威；最后一句经文 VS-C.10.21 复述了 VS-C.1.1.3，再次强调了吠陀的至上性。这在《弥曼差经》中有相似的内容。

第三，《胜论经》把不能用“句义”来解释的现象都归为由“不可见力”（adṛṣṭa）导致，且把获得“不可见力”的行为归功于符合吠陀要求的婆罗门的修习等，如 VS-C.6.2.2-6 等经文的论述。这种“婆罗门至上”的正统思想与前弥曼差派一致。

第四，虽然《胜论经》VS-C.2.2.29-37 试图论证的“声非恒常”与前弥曼差派所持之“声是恒常”相对立，但 VS-C.2.2.38-41 引述的反论者关于“声是恒常”的论证恰好说明了《胜论经》的作者（们）对前弥曼差派教义的熟知。

对此，格拉士纳表示了不同的意见。他认为，仅就胜论反对吠陀之“声”（śabda）的永恒性这一与前弥曼差派教义根本对立的思想来看，达斯古帕塔的主张就不可能成立。①

撰写《印度实在论批判》的达曼达罗・萨斯特利虽然站在了达斯古帕塔一边，但要谨慎许多。达曼达罗・萨斯特利也主张胜论最初是作为前弥曼差派的一支发展而来的，因为最早的科学几乎都作为宗教祭祀的副产品诞生，前弥曼差派中带有实在论色彩

① Helmuth von Glasenapp, *Die Philosophie der Inder*, A. Kröner, 1949, p. 236.

的“句义”思想，发展到某一阶段就被称为“胜论”。因此，与祭祀、宗教仪式等几乎毫无关系的胜论起源于前弥曼差派这一说法，初看起来非常荒谬，但从《胜论经》前三句经文与《弥曼差经》的相似度来讲，胜论却极可能源自前弥曼差派。此外，达曼达罗·萨斯特利还从中后期胜论乃至新正理派学者的疏释文献中找到了一些依据，以佐证胜论起源于前弥曼差派之假说。然而，他同时还指出，《弥曼差经》中没有实在论的形而上学，而其中的认识论只是所有古印度哲学体系都具有的必要成分，并不是前弥曼差派特有的思想。①

日本学者安達俊英从婆罗门教的吠陀体系出发，考察了“liṅga”（相、相状、标志）一词在《胜论经》和《弥曼差经》中的相似用法与意义等，指出胜论学说与前弥曼差派思想存在着亲缘关系，而《胜论经》中以对“声是恒常”之否定为代表的经文则是在批判前弥曼差派的基础上逐渐形成的。② 这一基于个别重要术语的微观分析，可作为前述观点的补充，丰富对两派关系的认识。

然而，汤用彤却认为，胜论学说虽颇有相同于前弥曼差派之处，“然此二宗经先后甚难决定，而是否均在六师之前，则更为可疑。”③

笔者认为，就两派根本经典的相似性来看，如果说胜论是把

---

① Dharmendra Nath Shastri, *Critique of Indian Realism*, Agra University, 1964, pp. 66–69.

② 安達俊英：「Vaiśeṣikasūtra の veda 観と liṅga」，『印度学仏教学研究』35—2，1987，第 31—33 页。Adachi Toshihide, “Liṅga in the Vaiśeṣika and the Mīmāṁsā”, *Machikaneyama Ronsō* 26, 1992, pp. 27–41.

③ 汤用彤：《印度哲学史略》，河北人民出版社，2002 年，第 114 页。

原本与自然界甚少关系的、仅是神性祭祀的“法”，用在了说明外界事物与现象的“形而下”之框架内，从而赋予了吠陀之“法”以新兴科学的思辨与现实意义，那么，未尝不可以理解为是对前弥曼差派祭祀思想的继承与发展。

胜论是精致而系统的哲学，常被视为古印度婆罗门教哲思模式的两大代表之一。[①] 上述四种看法代表了百余年来国内外学界对胜论起源之思想史考察的主要研究成果。学者们大多以自己精研并专长的领域（如耆那教、文法学派、前弥曼差派等）为各自的出发点，往往有意强调甚至放大该学说之历史地位与社会影响，故信之其一则不免有失偏颇。因此，较为稳妥的办法是综合各家所长，还历史以丰富的可能性。

以“句义”等自然主义哲学“胜·异”于古印度婆罗门教正统与非正统思想的胜论，既有对古吠陀之“梵”“我”等神性信仰的承续，也有对外在世界的科学观察与理性思考；既可能受到了古希腊柏拉图-亚里士多德哲学的外来影响，也不排除对语言文法学（派）、耆那教、前弥曼差派等本土文化的吸收与融合。简言之，众

① 宇井伯寿最早把印度的哲学思想模式分为“正统婆罗门系的转变说”与“一般社会系统的积聚说”，胜论派是后者的代表。约三十年后，弗劳瓦尔纳在宇井伯寿这一分类理念的基础上进一步指出，印度哲学史自古以来就有两种潮流平行对照着发展：一种是以吠陀时代的“奥义书”为根本，以关注“梵”“我”为主要思想特色，以古典时代的第一大哲学体系数论为代表；另一种则是自然主义哲学的发展潮流，这种思想对外界环境有着浓厚的兴趣，对传统的“梵”“我”并没有特别关注，最初以叙事诗的哲学为发端，后以古典时代的第二大哲学体系胜论为代表。金倉圓照:『インドの自然哲学』，平楽寺書店，1971，第 5—6 页。

多的可能性中较为关键的因素，应该是母语所承载的思维特性与异域思想“入侵式”刺激的内外结合，以此成就其“胜·异”。

三、胜论学派的哲人

胜论思潮逐渐发展成独立的学派后，追溯其初祖名为“迦那陀”，随后几代的传承没有明确的文献依据可寻。汉文佛教资料记载了以下谱系：五顶继承了迦那陀的“六句义”学说，后传给惠月，惠月著《胜宗十句义论》。除此以外的学派发展之代表性哲人，则多在近现代学术研究的“挖掘”下才逐渐显明。

1. 食米齋仙（迦那陀，Kaṇāda；优娄佉 / 优楼迦，Ulūka）

“迦那陀”作为胜论学派创始人之名流传甚广，是梵文 Kaṇāda 的音译。其中的“迦那”（kaṇa-）意为米粒、谷粒、种子、火花、原子等，“陀”（-ada）意为吃、食用——其人以米粒 / 原子为食，故名为 Kaṇāda。古代佛教文献亦意译 Kaṇāda 为“食米齋(zī)仙”，添一“仙”字明确了该名字不属于常人，而是印度古代的“仙人”（ṛṣi）。胜论派也因其创始人之名而被称 Kāṇāda（食米齋仙派 / 迦那陀派）。

基师在《成唯识论述记》《因明入正理论疏》等中详细介绍了这一胜论初祖之名讳的意思与来源：①

---

① 《成唯识论述记》，《大正藏》第 43 册，第 255 页中。《因明入正理论疏》的叙述大同小异：成劫之末，有外道出，名“嗢露迦”，此云“鸺鹠”。昼藏夜出，游行乞利，人以为名。旧云“优娄佉”，讹也。后因夜游，惊伤产妇，遂收场碾米济食之，因此亦号为“蹇拿仆”。云“食米济仙人”。旧云“蹇拿陀”，讹也。（《大正藏》第 44 册，第 117 页下）

> 成劫之末，人寿无量，外道出世，名“嗢露迦”，此云“鸺鹠”。昼避色声匿迹山薮，夜绝视听方行乞食。时人谓似鸺鹠，因以名也。谓即獯猴之异名焉。旧云“优娄佉”，讹也。
>
> 或云“羯拏仆”，“羯拏”云“米济”，“仆”翻为“食”。先为夜游，惊他稚妇，遂收场碾糠秕之中米济食之，故以名也。时人号曰“食米济仙人”。旧云“蹇尼陀”，讹也。

作为迦那陀之别名的“嗢露迦”“优娄佉”都可对应 Ulūka，不同的音读与音表没有正误之差。[①]“鸺鹠”是 Ulūka 的意译，鸟名，外形像鸱鸺，俗称小猫头鹰、留鸟、枭，但头上没有猫头鹰的角状羽毛，属于夜行动物，喜欢捕食老鼠、兔子等。胜论派因此亦被称为 Aulūkya（猫头鹰派）。

公元十、十一世纪的正理派学者王顶（Rājaśekhara）在其《正理芭蕉树广注》（*Nyāyakandalīṭīkā*）中记载：迦那陀得名 Ulūka 是因为“大天”（Mahādeva）化现成猫头鹰的形象（Ulūkarūpadhārī）教示给他“六句义”。[②] 十一世纪的胜论派代表人物乌达雅纳（Udayana）[③] 记载了另一个传说：迦那陀为了取悦湿婆神（Śiva）把自己扮成猫头鹰的样子，从而得名 Ulūka。[④] 十四世纪的吠檀多派

---

① 佉：一般用来对音（音译）梵文 kha。中古音拟音王力系统标为 k^{h}ĭɑ，参见“汉字古今音资料库”：http://xiaoxue.iis.sinica.edu.tw。

② Ui Hakuju, *The Vaiśeṣika Philosophy According to the Daśapadārthaśāstra*, Royal Asiatic Society, 1917, p. 6.

③ 关于“乌达雅纳”，详见下文。

④ Bimal Krishna Matilal, *Nyāya-Vaiśeṣika*, Otto Harrassowitz, 1977, p. 54. Anantalal Thakur, *Origin and Development of the Vaiśeṣika System*, Motilal Banarsidass, 2003, p. 3.

学者马达瓦（Mādhava）在《摄一切见》（*Sarvadarśanasaṃgraha*）中把胜论派的体系称为“猫头鹰的哲学”（Aulūkya darśana）。[①] 在耆那教的传统中，迦那陀常被称为Ṣaḍulūka（宣扬六句义的猫头鹰）。[②]

在汉传佛教史料中，也有一些关于Ulūka的记载。如鸠摩罗什（Kumārajīva，344—413）于弘始六年（404）译出的《百论》：

> 优楼迦弟子，诵《卫世师经》，言知与神异。[③]

《卫世师经》即 *Vaiśeṣikasūtra*（《胜论经》）。约二百年后，吉藏在作《百论疏》时解释这句话如下：

> 优楼迦，此云“鸺鹠仙”，亦云“鸺角仙”，亦云“臭胡仙”。此人释迦未兴八百年前已出世。而白日造论，夜半游行。欲供养之，当于夜半，营辦饮食。仍与眷属，来受供养。所说之经名《卫世师》，有十万偈，明于六谛、因中无果、神觉异义，以斯为宗。[④]

除了解释Ulūka一名，吉藏还概括了胜论派的主要教义：六谛

① M. V. Shastri Abhyankar, ed., *Sarvadarśanasaṁgraha of Sāyaṇa-Mādhava*, Bhandarkar Oriental Research Institute, 1951, p. 210. 金倉圓照:『インドの自然哲学』, 平楽寺書店, 1971，第10页。

② 参见“导言”第二部分。

③ 《大正藏》第30册，第171页中。

④ 《大正藏》第42册，第244页中。

（六句义）、因中无果论、神（我）与觉相异论。

《百论疏》中还有一段关于优楼迦及其学派的内容：

> 《诃梨传》云：优楼迦弟子自称我师“优楼迦”，说经名《卫世》。繁文以六谛为主，简旨明知异乎神。若能屈我此言，斩首相谢。与今文相似也。其人立神知异者，既在僧佉后出，见一宗有过，是故立论名“卫世师”。[①]

《诃梨传》即《诃梨跋摩传》。诃梨跋摩（Harivarman，又译师子铠，约三、四世纪），是鸠摩罗什所译之《成实论》的作者。保存于《出三藏记集》卷十一的江陵玄畅（415—484）作《诃梨跋摩传序》中亦有相关叙述：

> 于时天竺有外道论师，云是优楼佉弟子……乃傲然而咏曰：吾大宗楼迦，伟藉世师。繁文则六谛同贯，简旨则知异于神。神为知主，唯断为宗。敢有抗者，斩首谢焉。[②]

活跃年代介于鸠摩罗什与吉藏之间的印度中观派论师清辩（Bhāviveka，约490—570）在《中观心论》的自注《思择焰》之第七品《入抉择胜论之真实品》的第1颂释文中，用’ug pa pa一词来解释颂文中的“胜论派/师”（bye brag pa）。’ug pa是Ulūka

① 《大正藏》第42册，第264页下。
② 《大正藏》第55册，第79页中。

藏语音译，' ug pa pa 即 Ulūka 的弟子们的意思。《入抉择胜论之真实品》第 4 颂、第 27 颂及其释文中也用' ug pa 和' ug pa pa 来分别称呼胜论派的创始人及其弟子，而第 19 颂、第 28 颂及其注释则使用了“食米齋仙”（gzegs zan）这一意译。[①]

基师在前述《成唯识论述记》和《因明入正理论疏》中所传的“羯拏僕”和“蹇尼陀”应分别是 Kaṇabhuj 和 Kaṇāda 的音译。其中，Kaṇabhuj 是以 kaṇa-（米粒 / 原子）为词干，加上 -bhuj 这一意为“吃 / 食（者）”的尾缀构成，因此，实际与 Kaṇāda（蹇尼陀 / 迦那陀）同义。

此外，Kaṇabhuj 一名还出现在了胜论派的重要经典，吉祥足著《摄句义法论》（*Padārthadharmasaṃgraha*）[②] 的结尾处——“顶礼羯拏僕”，而《摄句义法论》开篇则归敬于“（牟尼）迦那陀”，原文分别如下：[③]

cakre vaiśeṣikaṃ śāstraṃ tasmai **kaṇabhuje** namaḥ /

praṇamya hetum īśvaraṃ muniṃ **kaṇādam** anv ataḥ /

因此，Kaṇabhuj 常被认为是胜论派初祖 Kaṇāda 之名的最重要异写。

---

① 何欢欢：《〈中观心论〉及其古注〈思择焰〉研究》，中国社会科学出版社，2013 年，第 202—302、578—578、593—596 页。

② 关于吉祥足和《摄句义法论》，详见“导言”第三、四部分。

③ Johannes Bronkhorst & Yves Ramseier, *Word Index to the Praśastapādabhāṣya*, Motilal Banarsidass Publishers, 1994, pp. 88, 1.

需要指出的是，意译“食米齋仙”的“齋”（zī）字，相当于“稷”，意为粮食的一种。如《说文解字》：“稷，齋也。五谷之长。”[①] 但在很多佛教文献的流传本（如前述《大正藏》）中，生僻字“齋”常被误写为形近字“濟”（济）、“齋”（齐/斋），少数误写为“臍”（脐）。这大概是后人不谙梵文，不知原语“羯拏”（kaṇa-）之本意而造成的误传与误解。

Kaṇāda / Kaṇabhuj 还有几个梵文异写别名：Kaṇabhakṣa、Kaṇāśin、Kaṇavrata 等。[②] 都以 kaṇa-（米粒/原子）为词干，再分别加上 -bhakṣa、-āśin、-vrata 等意为“吃/食（者）”的尾缀。

此外，胜论派始祖还有一个重要的别称或姓氏：Kāśyapa。吉祥足在《摄句义法论》中提到了这一称呼，[③] 活跃于六、七世纪的正理派哲学家乌底耶塔卡罗（Udyotakara / Uddyotakara）亦称《胜论经》的作者为 Kāśyapa。[④] 胜论哲学因此也被称为 Kāśyapīya-darśana。

关于迦那陀（优娄佉/优楼迦）的活跃年代，基师所谓“成劫之末，人寿无量”没有实指历史时间的意义，仅可理解为表示非常久远的过去。吉藏记述的“此人释迦未兴八百年前已出世”，

① ［汉］许慎撰，［清］段玉裁注：《说文解字注》，上海古籍出版社，1981 年，第 582 页。

② Anantalal Thakur, *Origin and Development of the Vaiśeṣika System*, Motilal Banarsidass, 2003, p. 3.

③ Johannes Bronkhorst & Yves Ramseier, *Word Index to the Praśastapādabhāṣya*, Motilal Banarsidass Publishers, 1994, p. 46.

④ Bimal Krishna Matilal, *Nyāya-Vaiśeṣika*, Otto Harrassowitz, 1977, p. 54. 关于乌底耶塔卡罗的活跃年代，参见 Ernst Steinkellner, *Dharmakīrti's Pramāṇaviniścayaḥ*, Verlag der Österreichischen Akademie der Wissenschaften, 1979, p. 39, n. 93。

则可以释迦牟尼创立佛教的公元前五、六世纪为坐标，推定迦那陀的生存年代约为公元前1300—1400年，即吠陀时期，如此早期就出现《胜论经》所示的哲学几乎不太可能，但是考虑到胜论思想的起源较早，尤其是受耆那教影响的可能——耆那教的初祖大雄略早于释迦牟尼，但有传说耆那教在大雄之前已经有了几代传承，故耆那教的发端最早可追溯至比大雄约早250年的帕葱湿跋（Pārśva，亦写作Pārśvanātha，约公元前八、九世纪）。因此，吉藏所记之比释迦牟尼早八百年出世虽是夸张其说，但从显示胜论派产生年代较早（尤其是早于佛教）的意义看，也许并非完全荒诞。

鸠摩罗什译马鸣（Aśvaghoṣa，公元一、二世纪）著《大庄严经论》[①]也提到了胜论初祖早于释迦牟尼：

> 昔佛十力，未出世时，一切众生，皆为无明之所覆蔽。盲无目故，于毗世师论生于明想。佛日既出，慧明照了，毗世师论无所知晓，都应弃舍。譬如鸱鸺，夜则游行能有力用，昼则

---

① 关于《大庄严经论》的作者，学界颇有争议。二十世纪初德国的勒柯克曾在新疆库车发现梵文写本《大庄严经论》，该写本跋文说作者是童受，而不是传统所谓的马鸣。德国著名梵文学家吕德斯则认为该写本的名称应为*Kalpanāmaṇḍiṭīkā*，作者为童受。但列维主张写本原名应为*Dṛṣṭāntapaṅkti*，因为Kalpanāmaṇḍiṭīkā是修饰语，并提出是马鸣著《大庄严经论》的改写本。Heinrich Lüders, *Bruchstücke der Kalpanāmandiṭīkā des Kumāralāta*, F.A. Brockhaus, 1926. Sylvain Lévi, “La Dṛṣṭāntapaṅkti et son auteur”, *Journal Asiatique*, vol.X, 1927, pp. 95-27. 陈寅恪：“童受《喻鬘论》梵文残本跋”，《国立中山大学语言历史学研究所周刊》1927年第一集第三期。金倉圓照：『馬鳴の研究』，平楽寺書店，1966，第15页。

藏窜无有力用。毗世师论，亦复如是，佛日既出，彼论无用。[①]

“毗世师论”应指广义的胜论学说，而不是特指《胜论经》。鸱鸺（鸺鹠）的特殊生活习性在这里成了批判胜论思想无用的譬喻之词。

印度学者拉达克里希南主张迦那陀应该与佛教的释迦牟尼、耆那教的大雄基本同时期。也就是说，以迦那陀为初祖的胜论思想（甚至学派）萌发于公元前五、六世纪。[②] 但是，达斯古帕塔却断定《胜论经》是现存六派正统哲学经典中最古老的一种，应该形成于前佛教时期。金仓圆照认为达斯古帕塔的判定证据不足。[③]

根据汉文佛教资料以及诸先贤的研究，笔者倾向于推定迦那陀略早于释迦牟尼一、二百年，即活跃在公元前六、七世纪。

2. 月喜（旃陀罗阿难陀，Candrānanda）

“月喜”是 Candrānanda 的意译，音译为“旃陀罗阿难陀”。关于月喜其人，除了知道是《胜论经》之注释文献《月喜疏》（*Candrānandavṛtti*）[④] 的作者外，没有任何其他信息，在胜论和佛教等其他学派的资料中从未发现过该人名或其作品名。1961 年降布维杰亚 (Muni Śrī Jambūvijayajī[⑤]) 的梵文精校本刊布之前，学界甚至都

---

① 《大正藏》第 4 册，第 259 页下。

② Sarvepalli Radhakrishnan, *Indian Philosophy*, vol. II, The Macmillan Company, 1958, p. 178.

③ Surendranath Dasgupta, *A History of Indian Philosophy*, vol. I, Cambridge University Press, 1957, pp. 281–282. 金倉圓照:『インドの自然哲学』, 平楽寺書店, 1971, 第 12—13 页。

④ 关于《月喜疏》，详见“导言”第四部分。

⑤ jī 加在人名后面，表尊称。

不知道曾经有一位如此重要的胜论派思想家活跃在印度哲学史上。

“月喜”这一名字出现在《月喜疏》的结尾颂：

jagato ’ syānandakaraṃ vidyāsavayāḥ[①] sadaiva yaś candram /
ānandayati sa vṛttiṃ **candrānando** vyadhād etām //
不断给世人以欢喜的、明智之友月喜创作了这一注疏。

我们能够找到的可用于推算月喜之活跃年代的确切线索目前只有一条，即在注释 VS-C.3.2.4 时，月喜引用了乌底耶塔卡罗著《正理广注》(*Nyāyavārttika*) 1.1.10。活跃于八世纪的佛教学者法上（Dharmottara）曾记载乌底耶塔卡罗与著名因明论师法称（Dharmakīrti）同时代，都属于六至七世纪。由此，可以推断月喜生活年代的上限为六至七世纪，最早可与乌底耶塔卡罗同时期，最晚则只能以塔库尔推断的《月喜疏》梵本所抄写之十三、十四世纪为限。[②] 现代学者当然不甘于这一跨度长达七八百年的生卒年代论，纷纷给出了自认为较精确的估算。

桑德萨罗在为降布维杰亚的精校本撰写的“前言”(Foreword) 里指出，《月喜疏》很可能写作于六世纪之后，最有可能在七世纪，但是桑德萨罗没有给出这一推测的依据。[③]

---

① 降布维杰亚的精校本读为 *vidyāśarvaryā*，根据匈牙利学者陆沙的校订本修改，因为 *vidyāśarvaryā* 多了两个音节，不符合韵律要求，参见 Ferenc Ruzsa, *Candrānanda's Commentary on the Vaiśeṣika-Sūtra,* unpublished, 2004, p. 89。

② 《月喜疏》的梵文写本，详见“导言”第四部分。

③ Muni Śrī Jambūvijayajī, ed., *Vaiśeṣikasūtra of Kaṇāda with the Commentary of Candrānanda*, Oriental Institute, 1961, p. ii.

稍后，印度裔学者阿库哲卡发现 VS-C. 2.2.14、2.2.16—18 几句经文被十世纪著名的哲学家和诗人黑拉罗阇（Helārāja）引用于其注释伐致呵利（Bhartṛhari，约六世纪）著《文章单语篇》（*Vākyapadīya*）的论释中，故判定十世纪为月喜的卒年下限，但导致最终的年代跨度过大，即月喜可能活跃于公元五、六世纪至十世纪之间。[①] 哈勃法斯假定月喜活跃于 900 年前后。[②] 伊萨克森认为从注释的风格与形式来看，应该把《月喜疏》定位在十世纪之前，最有可能是七至八世纪。[③]《月喜疏》的唯一全译者宫元啓一认为该作品完成于七世纪。[④] 珀特把月喜归为"无法判定年代的作者"，认为学者们对其年代的推测太过宽泛，从七到十四世纪的跨度是没有实际意义的。[⑤]

上述种种推断，除了阿库哲卡举出了具体的文献引证之外，其余学者实际上都以主观猜测为主要依据，均不可靠。笔者近年在阅读清辩的《中观心论》《思择焰》《大乘掌珍论》等著作时，发现清辩引用并批判的胜论思想与《月喜疏》最为相近，对《胜论经》的一些解释甚至可能是《月喜疏》独有的。据此，笔者以

① Ashok Akujkar, "Candrānanda' s date", *Journal of the Oriental Institute* 19, 1970, pp. 340-341.

② Wilhelm Halbfass, *On Being and What There Is*, State University of New York Press, 1992, p. 237.

③ Harunaga Isaacson, *Materials for the Study of the Vaiśeṣika System*, Rijksuniversiteit Leiden, 1995, pp. 141-142.

④ 宮元啓一:『ヴァイシェーシカ・スートラ』，臨川書店，2009，第 3 页。

⑤ Karl H. Potter, ed., *Encyclopedia of Indian Philosophies*, Motilal Banarsidass, 1977, pp. 684-685.

生卒年代较为确定的陈那（Dignāga/Dinna，约 480—540）[①] 和清辩为坐标，把月喜的生活年代框定在六世纪上半叶，鼎盛年估算为 500—530 年，并且依次把乌底耶塔卡罗、月喜、法称的鼎盛期都纳入六世纪前后各约五十年的跨度之中。这一推论得到了国际学界的广泛认可，对研究《月喜疏》及胜论思想（史）乃至印度哲学史都具有重要的意义。[②]

3. 五顶（般遮尸弃，Pañcaśikhī）

月喜没有出现在汉传佛教文献中，有关迦那陀之后的胜论派代表人物的记载，当属基师撰《成唯识论述记》最为翔实生动：

> 胜论之师造胜论者，名胜论师。多年修道，遂获五通，谓证菩提，便欣入灭。但嗟所悟，未有传人，愍世有情，痴无惠目，乃观七德，授法令传：一生中国、二父母俱是婆罗门姓、三有般涅槃性、四身相具足、五聪明辨捷、六性行柔和、七有大悲心。经无量时，无具七者。后住多劫，婆罗痆斯国，有婆罗门，名摩纳缚迦，此云儒童。其儒童子，名般遮尸弃，此言五顶。顶发五旋，头有五角。其人七德虽具，根熟稍迟，既染妻孥，卒难化导。经无量岁，伺其根熟。后三千岁，因入戏薗，与其妻室，竞花相忿。鸺鹠因此，乘通化之，五顶

---

① 陈那的名讳及其原语，参见拙文何歓歓:「陳那の名称をめぐって」,『国際仏教学大学院大学研究紀要』第 20 号，2017，第 163—182 页。另见何歡歡：“‘陳那’名諱考”,《文史》2017 年第 1 辑，第 217—228 页。

② 详见拙文 He Huanhuan, “Bhāviveka vs. Candrānanda”, *Acta Orientalia Hungarica* 70-1, 2017, pp. 1-20。另见何欢欢：“《月喜疏》与‘二指喻’”,《哲学研究》2017 年第 3 期。

不从，仙人且返。又三千岁，化又不得。更三千年，两竞尤甚，相厌既切，仰念空仙。仙人应时，神力化引，腾虚迎往，所住山中，徐说所悟六句义法：一实、二德、三业、四有、五同异、六和合。此依百论及此本破，唯有六句义法。后其苗裔，名为惠月，立十句义。[1]

这段话讲述了一个传说故事：创作了《胜论经》的迦那陀（鸺鹠）觉悟成道后，感叹学说没有传承、不能救人济世，于是立下七条标准以拣选合适的继承者。然而，在很长时间内都没有出现满足七项条件的人。终于有一天，在婆罗痆斯国（现印度北方邦东南部的瓦纳拉西地区），名为"儒童"（摩纳缚迦，Māṇavaka）的婆罗门生了一个儿子，取名"般遮尸弃"（Pañcaśikhī），意译"五顶"。但是，五顶虽然具足七种功德，却根器晚熟，娶妻生子，难以教化。迦那陀无奈只能等待其"钝根"慢慢成熟。经过九千年三番两次劝说，五顶终于厌恶了妻室，生起求道成仙之想。迦那陀于是以神通力引导之，将自己所证悟的"六句义"等学说传给了五顶。后来，五顶将衣钵传给了惠月[2]，后者著《胜宗十句义论》流传于世。

上述内容在《因明入正理论疏》有类似表述，不同的是，《因明入正理论疏》之后还有一段迦那陀与五顶的对话：

仙人应时，神力化引，腾空迎往，所住山中，徐说先悟

---

① 《大正藏》第 43 册，第 255 页中至下。

② 关于"惠月"，详见下文。

六句义法。说实德业，彼皆信之。至大有句，彼便生惑。仙言："有者，能有实等，离实德业三外别有，体常是一。"弟子不从，云："实德业性，不无，即是能有。岂离三外别有能有？"仙人便说同异句义："能同异彼实德业三，此三之上各各有一总同异性，随应各各有别同异，如是三中随其别类；复有总别诸同异性，体常众多；复有一常能和合性，和合实德业，令不相离，互相属着。"五顶虽信同异和合，然犹不信别有大有。鸺鹠便立论所陈量，此量有三：实德业三，各别作故……仙人既陈三比量已，五顶便信。法既有传，仙便入灭。胜论宗义由此悉行。①

这段讨论实际上反映了胜论思想在开始传播阶段不易为人接受，即五顶对迦那陀的"六句义"理论有不少疑惑之处：虽于实、德、业、同异、和合五个句义，欣然接受；但对"有句义"则疑虑重重，一时难以信奉。最后，迦那陀用"比量"，即通过立论推理的方式来证明"有句义"的存在，终使五顶信受。而迦那陀则在完成传法后入灭。由此，胜论学说开始流传。

有意思的是，在真谛（Paramārtha，499—569）译数论派的代表作《金七十论》中，传数论派谱系亦有"般尸诃"（Pañcaśikha）和"优楼佉"（Ulūka）两个名字，即：智胜吉祥（牟尼）→迦毗罗（仙人）→阿修利（仙人）→般尸诃（六十千偈）→褐伽→优楼佉→跋婆利→拘式·自在黑（抄出七十颂，即《金

① 《大正藏》第44册，第130页上。

七十论》)。[①] 般尸诃与五顶同义，优楼佉则与迦那陀的别名完全一致。数论派与胜论派在传承人物记载上的这两处“巧合”，宇井伯寿认为是传说的一种混乱。[②]

4. 惠月（慧月，*Candramati）

“惠月”（慧月）是玄奘译《胜宗十句义论》的作者。“慧”通“惠”，所以在古代佛教文献中，“惠月”与“慧月”常混用。基师在《因明入正理论疏》中简要解释了这一人名：

> 十八部中上首名战达罗，此云慧月，造《十句论》，此六加四，谓：异、有能、无能、无说，广如《胜论宗十句论》。[③]

“战达罗”是梵文 Candra 的音写，只对应“月”，没有体现“慧”。可翻译成“慧/惠”的常见梵文的主要有 buddhi、mati、jñāna 等。这些梵文单词分别与 Candra 组合起来，即 Candrabuddhi、Candramati、Candrajñāna，或者 Buddhicandra、Maticandra、Jñānacandra 等，都可以构成“惠月（慧月）”的意思。

“十八部”意指胜论派在五顶之后，发展到惠月时期，已经分成了十八支派，但更有可能只是虚指胜论派支流众多、传布甚广。因为基师在《成唯识论述记》中传数论派也分成了十八部：

---

① 《大正藏》第 54 册，第 1262 页上至中。另外，《摩特罗评注》（*Māṭharavṛtti*）所载数论派传承谱系为：Kapila → Āsuri……→ Pañcaśikha → Bhārgava → Ulūka → Vālmīki → Hārīta → Devala……Īśvarakṛṣṇa。参见何欢欢：《〈中观心论〉及其古注〈思择焰〉研究》，中国社会科学出版社，2013 年，第 30—35 页。

② Ui Hakuju, *The Vaiśeṣika Philosophy According to the Daśapadārthaśāstra*, Royal Asiatic Society, 1917, pp. 8-9.

③ 《大正藏》第 44 册，第 118 页上。

此中数论，及与胜论，各有十八部，异执竞兴。[①]

事实上，就目前的史料来看，不管是数论派还是胜论派，所谓的各执异见、竞相论争的“十八部”都是不可考的。

根据《因明入正理论疏》的记载，惠月在“六句义”的基础上，加上了“异”“有能”“无能”“无说”四个句义，从而构成“十句义”，学说具体阐述在《胜宗十句义论》中。《成唯识论述记》则传惠月加上的四个句义为：“七有能、八无能、九俱分、十无说。”[②]按照《胜宗十句义论》的内容，《因明入正理论疏》所记新加“异句义”有误，应该是“俱分句义”。

日本江户时代的学问僧湛慧（1675/1676—1747）编集的《成唯识论述记集成编》中，有把“惠月”的梵文记为“战达末底”的记载：

俱舍惠辉云：后代十八部中，上首名战达末底，此云惠月，造《十句论》。[③]

“俱舍惠晖”即唐代俱舍宗僧惠晖（亦作“慧晖”，生卒年不

① 《大正藏》第43册，第255页上。

② 《成唯识论述记》：后其苗裔名为惠月，立十句义。于中略以三门分别：一列总别名，二出体性，三诸门辨释。列总名者：一实、二德、三业、四同、五异、六和合、七有能、八无能、九俱分、十无说。列别名者：实有九种……第二出其体性：九实体者，若有色、味、香、触名地……自下第三诸门辨释：于中有五一十句相望，一多分别……（《大正藏》第43册，第256下—257页上）

③ 《大正藏》第67册，第131页中。

详），是西明寺僧圆晖（生卒年不详）的弟子。圆晖师从玄奘的著名弟子普光（约七世纪）等，并将普光撰《俱舍论记》三十卷略作十卷，奉为俱舍宗的要典。惠晖则采集了圆晖所著《俱舍论颂疏》，加以注释后撰成《俱舍论颂疏义钞》六卷。所以，可推测作为玄奘之三传弟子的惠晖约为八世纪人。

湛慧转引的惠晖的话与基师所述意思相同，即胜论派发展到后来分出了十八部，其中最著名的代表人物是惠月。不同的是基师记音为“战达罗”，惠晖传为“战达末底”——该音译词对应梵文 Candramati——“战达”是 candra，意为“月”；“末底”即 mati，意为“惠 / 慧”。湛慧的转述补充了“末底”一词，实为可贵。

根据上述汉文资料，惠月的梵文原名常写作 Candramati 或者 Maticandra。宇井伯寿认为根据玄奘的译名习惯，Maticandra 更符合“惠月”一名的词序。[①]

关于惠月的活跃年代，就目前所见资料来看，只能以翻译其作品的玄奘为主要坐标来进行推比。首先，玄奘的翻译年代（648 年译出《胜宗十句义论》）是其卒年下限。其次，玄奘的老师的老师护法（Dharmapāla，约六世纪）在批判胜论派的句义理论时只分析了“六句义”，只字未提“十句义”，可推知《胜宗十句义论》其时尚未成为胜论派的代表作品，甚至可能还未出现。由此推测惠月应晚于护法或者基本同时代，即护法的鼎盛年可以推定为惠

① Ui Hakuju, *The Vaiśeṣika Philosophy According to the Daśapadārthaśāstra*, Royal Asiatic Society, 1917, p. 9.

月的生年上限。

玄奘于629年从长安出发前往印度，633年到达王舍城拜护法的弟子戒贤（Śīlabhadra，六、七世纪，一说529—645年）为拜师，其时戒贤约106岁。而戒贤师从护法学习时年约30岁[①]，即557年前后。宇井伯寿据此判定惠月的活跃年代上限为550年，下限为640年，并强调不太可能早于六世纪上半叶，且晚于吉祥足。[②]但是，弗劳瓦尔纳却认为惠月的生卒应介于450—550年，比宇井伯寿的推定早了100年，更重要的是，这一年代划定使得惠月早于吉祥足活跃在了胜论哲学史上。[③]

5. 吉祥足（钵罗阇思特波陀，Praśastapāda）

“钵罗阇思特波陀”一名音译自梵文Praśastapāda。Praśasta意为“吉祥”“幸福”，pāda意为“足”“诗颂的四分之一”等，故Praśastapāda可意译为“吉祥足”。

作为《摄句义法论》的作者，吉祥足可以说是胜论派最重要、最广为人知的代表性人物。从流传下来的文献看，除了以

---

① 《大唐西域记》：有伽蓝，尸罗跋陀罗（唐言戒贤）论师论义得胜，舍邑建焉……至此国那烂陀僧伽蓝，遇护法菩萨，闻法信悟，请服染衣……护法知其俊也，因而允焉。是时戒贤年甫三十，众轻其少，恐难独任。（《大正藏》第51册，第914页下）

② Ui Hakuju, *The Vaiśeṣika Philosophy According to the Daśapadārthaśāstra*, Royal Asiatic Society, 1917, pp. 9-10. 关于惠月与吉祥足的年代关系之争，详见下文“吉祥足”部分。

③ Erich Frauwallner, *Geschichte der Indischen Philosophie II*, Müller, 1956, pp. 186-188; Erich Frauwallner, “Candramati und sein *Daśapadārthaśāstram*”, O. Spies ed., *Studia Indologica*, Selbstverlag des Orientalischen Seminars der Universität Bonn, 1955, pp. 65-85. 金倉圓照:『インドの自然哲学』, 平楽寺書店，1971，第277—281页。

Praśastapāda 来指称外，胜论派传人还常在 Praśasta 后添加不同的尾缀来赞美这位论师对学派发展所做的重要贡献。也就是说，吉祥足有以下几个主要的梵文异名别写：Praśastācārya（吉祥阿阇黎）、Praśastadeva（吉祥天）、Praśastadevācārya（吉祥天阿阇黎）、Praśastadevapāda（吉祥天足）、Praśastakara（吉祥手）、Praśastakaradeva（吉祥手天）、Praśastakāra（吉祥音）、Praśastamat（吉祥俱）、Praśastamati（吉祥慧）等。[①]

吉祥足的生活年代一直是印度哲学史界争论的焦点问题之一。印度学者博达斯主张吉祥足早于八世纪的吠檀多派著名学者商羯罗（Śaṅkara，约 788—820），而且很可能甚至早于六、七世纪的瓦茨雅衍那（Vātsyāyana）和乌底耶塔卡罗。然而，与博达斯基本同时代的荷兰学者范德贡认为吉祥足应该晚于瓦茨雅衍那。[②]

吉祥足与佛教因明论师陈那的先后关系亦颇有争议：舍尔巴茨基认为吉祥足借鉴了很多陈那的因明思想，以至于达曼达罗·萨斯特利认为舍尔巴茨基有故意抹杀吉祥足之历史贡献的嫌疑，不仅主张陈那在吉祥足之后，甚至提出世亲（Vasubandhu，约四、五世纪）批判了《胜论经》中无而《摄句义法论》特有的“声”理论，从而判定吉祥足可能与世亲同时代或更早，即为四世

---

① S. Peeru Kannu, *The Critical Study of Praśastapādabhāṣya*, Kanishka Publishing House, 1992, pp. 1-2. George Chemparathy, “Praśastapāda and His Other Names”, *Indo-Iranian Journal* 12, 1970, pp. 241-254. 尤其是 George Chemparathy 一文详细整理了后世使用的吉祥足的异名情况。

② Mahadev Rajaram Bodas, *Tarkasaṃgraha of Annambhaṭṭa*, Bhandarkar Oriental Research Institute, 2003, pp. xxxv-xxxvii. Barend Faddegon, *The Vaiśeṣika System*, Johannes Müller, 1918, p. 605.

纪人，但金仓圆照彻底否定了达曼达罗·萨斯特利的这一推断。雅可比的观点与舍尔巴茨基正相反，他认为是佛教徒陈那借用了很多胜论师吉祥足的逻辑思想。珀特和凯斯则推定吉祥足与陈那有过辩论，很可能为同时代人，即都活跃在五世纪。达斯古帕塔和拉达克里希南把吉祥足的年代定位在了五至六世纪。[①]

吉祥足与惠月的年代关系，学界也久无定论，而且分为相反的两种观点：一是以宇井伯寿为代表，主张吉祥足早于惠月；二是以弗劳瓦尔纳为代表，主张惠月更早。宇井伯寿在英译《胜宗十句义论》时就提出，可以根据汉译佛典材料的相互引证关系来推测惠月的时代约为公元550—640年，继而判断吉祥足应早于惠月约50—100年，即活跃在六世纪前半叶，甚至五世纪后半叶。宇井伯寿的理由主要有以下两点：首先，吉祥足应位于陈那和乌底耶塔卡罗之间，而乌底耶塔卡罗在法称之前；其次，年代下限同为670年的真谛与护法所论及的胜论派学说都基于《摄句义法论》。[②] 目前学界大都采用宇井伯寿的推算来判定胜论派最重要的两大注释家的年代先后问题。

很多学者把从《胜论经》的形成到《摄句义法论》出现之前的这一段胜论派历史称为“黑暗时期”，因为这几百年间的史料极少，很难梳理出确切的信息。虽然笔者把月喜、五顶、惠月放在了迦那陀与吉祥足之间，使得这段历史看起来比较连贯而丰富，但严格来说，月喜、五顶、惠月与吉祥足的先后关系，依靠目前

---

① 金倉圓照:『インドの自然哲学』，平楽寺書店，1971，第40—41页。

② Ui Hakuju, *The Vaiśeṣika Philosophy According to the Daśapadārthaśāstra*, Royal Asiatic Society, 1917, pp. 9-10, 17-18.

所知的材料，都是无法确切落实的，只能作大致可靠的推定。而如果把月喜、五顶、惠月都推测为晚于吉祥足的话，那么从《胜论经》到《摄句义法论》之间的历史就没什么代表人物可讲，只能以“黑暗时期”一笔带过了。

目前公认属于吉祥足的著作只有《摄句义法论》一部，但是寂护（Śāntarakṣita，725—788）及其弟子莲花戒（Kamalaśīla，约740—795）多次提到的Praśastamati（吉祥慧）还撰有*Praśastamatiṭīkā*（《吉祥慧复注》，又名*Vākyabhāṣyaṭīkā*，现无文本流传）一书。塔库尔认为此Praśastamati与吉祥足为同一人，该《吉祥慧复注》是其对《胜论经》某一注释书（*Vaiśeṣikabhāṣya*）的注释，故称“复注”（*Ṭīkā*）。但是，舍尔巴茨基认为这位Praśastamati不同于吉祥足。康弩则认定*Praśastamatiṭīkā*是吉祥足最早的著作，且不同于《摄句义法论》。[①]

6. 虚空净（伐优弥湿婆，Vyomaśiva）

“伐优弥湿婆”是Vyomaśiva的音译，该梵文名中的vyoma意为“虚空”“天空”，śiva意为“清寂”“安乐”等，故可意译为“虚空净”。

虚空净流传有《宛若虚空》（*Vyomavatī*）一书。该论著的梵文本校订者高日纳特·萨斯特利曾认为虚空净与《七句义》（*Saptapadārthī*）的作者净日（Śivāditya）[②]为同一人，还通过《宛若虚空》中出现的先贤引文以及可能的同时代或后人的引证关系，判定虚

① S. Peeru Kannu, *The Critical Study of Praśastapādabhāṣya*, Kanishka Publishing House, 1992, pp. 3-4.

② 《七句义》参见“导言”第四部分，“净日”参见下文。

空净为七世纪后半叶人，且是“圣典湿婆派”（Siddhānta Śaiva）的学者。但是跋塔查理亚却考证出虚空净受到过 Śrīharṣa（Bhojadeva 的祖父）的资助，故其活跃年代应在 948—972 年。[①] 由此，高日纳特·萨斯特利后来在《宛若虚空》的修订本序言中改变了先前的观点，认为虽然撰写《宛若虚空》的虚空净不是《七句义》的作者——因为两部论著的迥异是显而易见的，但是在某些文献中 Śivāditya 和 Vyomaśiva 确实被用来指称同一论师。[②] 哈勃法斯认为虚空净对佛教学者法称的思想比较熟悉，由此推断其活跃年代为公元 800 年前后，甚或九世纪。[③]

此外，虚空净被认为可能是南印度人，当时是胜论派某支的领袖人物，颇具影响，因为同时代或稍晚的室利达罗和乌达雅纳[④]都敬称他为“上师 / 阿阇黎”（ācārya）。[⑤]

7. 净日（湿婆迪特亚，Śivāditya）

Śivāditya 音译“湿婆迪特亚”，可意译为“净日”，是著名的《七句义》的作者。由于《七句义》的前半部分是对胜论派术语的定义，后半部分阐述了逻辑学与认识论，故不少学者认为净日是

---

① Dineshchandra Bhattacharya, *History of Navya-Nyāya in Mithilā*, Mithilā Institute, 1958, pp. 61–64.

② Gaurinath Sastri, ed., *Vyomavatī of Vyomaśivācārya*, Sampurnanand Sanskrit Vishvavidyalaya, 1983, p. ii–iv.

③ Wilhelm Halbfass, *On Being and What There Is*, State University of New York Press, 1992, p. 237.

④ 关于“室利达罗”和“乌达雅纳”，参见下文。

⑤ P. S. Ramanujam, *A Study of Vaiśeṣika Philosophy*, University of Mysore, 1979, pp. 8–20.

融合胜论与正理两派、形成正理-胜论派的关键人物之一。

学界曾采用高日纳特·萨斯特利的考证，在很长时间内把净日等同于十世纪的虚空净。但现在一般公认净日晚于虚空净，捷特里曾综合各种文献的互证关系，推断净日的鼎盛期是公元950年代。[①]目前学界大多认为净日为十二世纪上半叶人，志田泰盛推断其活跃在约1100—1200年或者1125—1200年，晚于乌达雅纳。[②]

8. 妙持（室利达罗，Śrīdhara）

Śrīdhara音译“室利达罗”，śrī意为“妙”“圣”“功德”等，dhara则有“受持”的意思，故可意译为“妙持”。

据传，室利达罗出生于约十世纪孟加拉Rāḍha的Bhūrisṛṣṭhi村的一个婆罗门家庭，父亲名巴拉提婆（Baladeva），母亲是阿伯卡（Abbokā）。室利达罗被认为是孟加拉地区的第一位哲学家，在印度广为人知，耆那教的德宝（Guṇaratna）和王顶（Rājaśekhara）两位论师都曾在著作中提到过他。[③]

公元991年或992年，室利达罗应Śrī Pāṇḍudāsa的请求，撰写了代表作《正理芭蕉树》（*Nyāyakandalī*），[④]后成为《摄句义法论》众多注疏中最有名的标杆性作品。此外，室利达罗至少还撰

① Jitendra S. Jetly, ed., *Śivāditya's Saptapadārthī*, Institute of Indology, 2003, pp. 12-13.

② Karl H. Potter, ed., *Encyclopedia of Indian Philosophies*, Motilal Banarsidass, 1977, p. 642. Shida Taisei, “On the Date of Śivāditya”, *Journal of Indian and Buddhist studies* 63-3, 2015, pp. 122-128.

③ Bimal Krishna Matilal, *Nyāya-Vaiśeṣika*, Otto Harrassowitz, 1977, p. 69.

④ 关于《正理芭蕉树》，详见“导言”第四部分。捷特里认为这位Śrī Pāṇḍudāsa是Rāḍha的国王。Jitendra S. Jetly and Vasant G. Parikh, ed., *Nyāyakandalī*, Oriental Institute, 1991, pp. iv-v.

有三部论著:《不二成就》(*Advayasiddhi*)、《觉悟真实》(*Tattvabodha*)、《纲要复注》(*Saṃgrahaṭīkā*)。

9. 日出(乌达雅纳，Udayana)

Udayana 音译“乌达雅纳”，该梵文词主要有(太阳)生起、产生的意思，故可意译为“日出”。孔伟尔提出乌达雅纳应与生活在十二世纪的阿贝拉德(Abelard)同时代，但跋塔查理亚通过一系列考证判定乌达雅纳的活跃年代为1025—1100年左右，后者目前广为学界接受。①

乌达雅纳既是胜论派的论师，也可归入正理派。但在印度的传统中，一般认为乌达雅纳是正式合流正理派与胜论派、从而形成正理-胜论派的最重要人物，因其存世的几部论著的学说倾向各有不同。其中,《光环》(*Kiraṇāvalī*)是《摄句义法论》的注释书，归于胜论派;《正理广注·旨趣清净》(*Nyāyavārttikatātparyapariśuddhi*)是对《正理经》的注释，归入正理系统;《正理最胜》(*Nyāyapariśiṣṭa*)可归入正理-胜论派;《抉择我真实》(*Ātmatattvaviveka*)从正理派和胜论派的共同立场出发全面批判了佛教;《正理花祭》(*Nyāyakusumāñjali*)主要以正理派的学说论证了神的存在。②

有意思的是,《光环》与室利达罗的《正理芭蕉树》有相互引证的关系。对此，一种看似可行的解释是:《光环》晚于《正理芭

① Edward B. Cowell, ed. & tr., *The Kusumánjali*, Baptist Mission Press, 1864, p.x. Shida Taisei, “On the Date of Śivāditya”, *Journal of Indian and Buddhist studies* 63—3, 2015, pp. 122-128.

② 乌达雅纳的几部论著的主要内容可参见 Visweswari Amma, *Udayana and His Philosophy*, Nag Publishers, 1985, p. 11-18。

蕉树》成书，即乌达雅纳写作《光环》时参考了《正理芭蕉树》；但乌达雅纳先于室利达罗去世，故室利达罗在修订《正理芭蕉树》时批判了《光环》。

10. 博士·辩才天（巴达·伐定陀罗，Bhaṭṭa Vādīndra）

“巴达·伐定陀罗”是 Bhaṭṭa Vādīndra 的音译。Bhaṭṭa 是大学者的称号，可译为“博士”；Vādīndra 意为“论辩王”“辩才天”。该梵文名亦常合写为 Bhaṭṭavādīndra，或简写成 Bhaṭṭa。这两个词组成的名称表示这位胜论派论师可能是位博学而雄辩的学者。

据传，巴达·伐定陀罗的本名有可能是 Mahādeva（大天），并有别名 Harakiṃkara、Śaṃkarakiṃkara、Nyāyacārya、Paramapaṇḍita 等，这些名称一定程度上显示了巴达·伐定陀罗的宗派隶属关系与学问的广博精深，如 Nyāyacārya 意为“正理派的大学者”，Paramapaṇḍita 意为“最智慧者”。

近现代最早开始对巴达·伐定陀罗及其著作进行研究的是印度学者特朗，他于 1920 年校订出版了基于三个梵文写本的完整版《大明摹》（*Mahāvidyāviḍambana*）以及相关注释。根据特朗与后来者伊萨克森的研究[①]：

首先，《大明摹》可能是巴达·伐定陀罗的早期著作，完成于约 1210—1246 年，亦可能是他唯一的独立著作，即不是对既有文献的注释。

---

① Mangesh Ramakrishna Telang, *Mahávidyā-vidambana of Bhatta Vádīndra*, Central Library, 1920. Harunaga Isaacson, *Materials for the Study of the Vaiśeṣika System*, Rijksuniversiteit Leiden, 1995, pp. 1-36.

其次，巴达·伐定陀罗另有对《胜论经》的注释，[1]可能是他晚年的作品，完成于约1246—1260年。此外，巴达·伐定陀罗还注释了乌达雅纳《光环》的“实句义”和“德句义”两部分，被认为是《光环》的最早注释。该作品的梵文写本先后由不同的学者校订出版，由于原题名不详，伊萨克森将其分别称为《实光环注》（*Dravyakiraṇāvalīṭīkā*）和《德光环注》（*Guṇa-kiraṇāvalīṭīkā*）。据传，巴达·伐定陀罗还注释过乌达雅纳的其他著作，但尚未发现原文献，故不排除历史讹传的可能。

第三，巴达·伐定陀罗在其著作中多次提到了不少重要的胜论派学者，如迦那陀、吉祥足、阿特若亚（Ātreya）、巴萨若伐吉雅（Bhāsarvajña）、乌达雅纳等。塔库尔在“Bhaṭṭavādīndra—The Vaiśeṣika”一文最后例举了巴达·伐定陀罗论及的各派思想家与著作，涉猎之广足当“博士”一名。[2]

第四，特朗判定巴达·伐定陀罗的鼎盛年约为1246—1260年，其依据是巴达·伐定陀罗自己提到了他的施主（赞助人），且巴达·伐定陀罗的学生巴达·罗格瓦（Bhaṭṭa Rāghava）在其《正理精要研究》（*Nyāyasāravicāra*，巴萨若伐吉雅著《正理精要》*Nyāyasāra* 的注释）一书中几次提到了自己老师。伊萨克森根据后来新发现的材料，进一步佐证并充实了特朗的观点。

第五，与其他后期胜论派学者一样，巴达·伐定陀罗接受

---

① 详见“导言”第四部分。

② 阿特若亚的《胜论经》注释现已不存，巴达·伐定陀罗的引文和批评可能是我们了解阿特若亚注释的最重要来源。Anantalal Thakur, “Bhaṭṭavādīndra—The Vaiśeṣika”, *Journal of the Oriental Institute* 10, 1960, pp. 23–31.

了“七句义”学说，在“六句义”的基础上加上了“无（句义）”（abhāva）。伊萨克森在博士论文中讨论了巴达·伐定陀罗的本体论、认识论、救赎神学，其论述虽然不甚详尽，但在当前资料与研究均不充分的情况下，几乎是对这位后期胜论学者之思想状况的唯一可靠描述。

11. 令乐（商羯罗·弥施洛，Śaṅkara Miśra）

Śaṅkara Miśra，或合写为 Śaṅkaramiśra，音译“商羯罗·弥施洛”，其中的 miśra（弥施洛）表敬称，śaṅkara（商羯罗）意为“令乐”“作乐”。

商羯罗·弥施洛大约活跃在十五、十六世纪，严格来说已经不是古典胜论派的论师，而是正理派与胜论派合流后的正理-胜论派的学者，甚至可以归入新正理派。

然而，商羯罗·弥施洛却可以说是最重要的胜论派传人，亦是研究包括《胜论经》在内的胜论之历史与思想的最重要人物之一。这是因为在《月喜疏》发现之前，学界长期以来依靠商羯罗·弥施洛撰写的《胜论经》的注释书——《补注》（*Upaskāra*）[①] 及其引用并解析的经文来进行研究。

十五、十六世纪的印度，正理-胜论学派向着新正理派发展，越来越重视逻辑推理的学修与传承，在几乎没有学者给《胜论经》作注释的情况下，商羯罗·弥施洛给这样一部古老的、被时人所忽视的、晦涩难懂的《胜论经》作出堪称原创性的注释是非常有眼光和见识的。虽然商羯罗·弥施洛对自己所依据的经文的权威性不是

---

① 关于《补注》，详见“导言”第四部分。

很有信心，并为没能利用较早期的经文和注释而感到遗憾。①

除了《补注》之外，商羯罗·弥施洛还撰写了其他多部论著，是一位多产的学者，同时也是诗人和剧作家。②

四、胜论传承的经典

1.《胜论经》及其注疏

（1）《胜论经》（*Vaiśeṣikasūtra*）

《胜论经》的梵文名为 *Vaiśeṣikasūtra*，常简称 VS，指不带注疏或解释的经文，是胜论派的根本经典。相传作者是创始人迦那陀（优楼迦），但现存的《胜论经》有后来追加和修改的成分。也就是说，我们现在见到的《胜论经》很可能并不是当初编撰的形态，而是经过了不断增删改定后的样子，这从《月喜疏》与《补注》所载经文的诸多差异就可以窥知一二。还需要注意的是，《胜论经》并不是胜论思想的发端，而应该被视作胜论学说发展到一定阶段的总结。从思想的起源到经典的定型，这期间可能需要经历几百年的时间。

关于《胜论经》的成书年代，目前所见的研究大多基于《补注》的文本。雅可比曾把《补注》所载经文内容与佛教思想的发展阶段相比较推定（他在处理印度正统六派的基本经典的年代问题时，多以相对较为确定的佛教思想的发展时期为坐标）。简要来

---

① Nandalal Sinha, tr., *The Vaiśeṣika Sūtras of Kaṇāda*, Pāṇini Office, 1923, p. 1.

② Bimal Krishna Matilal, *Nyāya-Vaiśeṣika*, Otto Harrassowitz, 1977, pp. 73–74.

讲，通过考察各婆罗门学派的经典是否只批判了佛教的空观，还是对中观派的“性空”与瑜伽行派的“识有”都有所否定来进行判断，即以龙树（Nāgārjuna，约150—250）与世亲的活跃年代为主要基准来推断正统六派之哲学经典的成书时期。雅可比认为只否定佛教“性空”思想的外道文献形成于200—500年，对“识有”学说有所涉及的作品则出现在五世纪以后。就《胜论经》的内容来看，几乎没有直接论及佛教的表述，但是与《胜论经》关系密切的《正理经》（*Nyāyasūtra*）却对佛教的中观与唯识思想都进行了批判。据此，雅可比推定《正理经》成立于200—450年，再加上与《正理经》年代相近的《正理注》（*Nyāyabhāṣya*）引用了《胜论经》的内容，从而判定《胜论经》的成书略早于《正理经》或基本同时，即大约在三世纪。[①]

此外，雅可比亦根据《利论》的作者考底利耶在列举当时的哲学派别时没有提到胜论派这一情况指出，以《胜论经》的形成为主要标志的胜论派不早于公元前四世纪。[②]

达斯古帕塔则认为《遮罗迦本集》不仅引用了《胜论经》，而且整个医学理念建立在胜论的自然哲学体系之上，所以主张《胜论经》的成书应早于《遮罗迦本集》的作者遮罗迦（Caraka，约

---

① Hermann Jacobi, “The Dates of the Philosophical Sūtras of the Brahmans”, *Journal of the American Oriental Society* 31, 1911, pp. 1-29.

② 从《利论》的上下文来看，如果《胜论经》在当时已经流行的话，考底利耶应该提到胜论派或其相关经典。考底利耶是印度孔雀王朝的第一个皇帝旃陀罗笈多（Candragupta，又称“月护王”，在位公元前320—公元前298）的大臣。虽然很多学者怀疑现在所见的《利论》并不是孔雀王朝时代的作品，但是其中没有提及胜论派这一事实在我们考察胜论思想史时仍具有重要意义。参见“导言”第一部分。

二世纪）的活跃年代——遮罗迦被认为是印度贵霜王朝迦腻色迦王（Kaniṣka，约二世纪）的御医。而且，与《遮罗迦本集》基本同时期的《大庄严经论》也提到了胜论派。据此，达斯古帕塔推定《胜论经》成书于公元以前。[①] 然而，《遮罗迦本集》和《大庄严经论》这两部作品本身的作者与年代都存在很多问题，所以达斯古帕塔的推论很难获得学界的公认。[②]

宇井伯寿在一百多年前撰写有关《胜宗十句义论》研究的博士论文时特别注意收集汉传佛典中有关胜论及其思想的记述，比较重要的有以下几处：

玄奘译《阿毗达磨大毗婆沙论》：[③]

> a. 如胜论外道说五种业，谓：取、舍、屈、申、行。
>
> b. 又胜论者说有五根，鼻、舌、眼、身、耳根，为五。
>
> c. 或复兼善外道诸论，所谓：胜论、数论、明论、顺世间论、离系论等。
>
> d. 佛涅槃后四百年，迦腻色加王赡部，召集五百应真士，迦湿弥罗释三藏，其中对法毗婆沙，具获本文今译讫，愿此等润诸含识，速证圆寂妙菩提。

最后一段为《大毗婆沙论》结尾处玄奘所作的赞颂，其中提

---

① Surendranath Dasgupta, *A History of Indian Philosophy*, vol. I, Cambridge University Press, 1957, pp. 278-280.

② 金倉圓照:『インドの自然哲学』，平楽寺書店，1971，第16—19页。

③ 下列引文分别参见《大正藏》第27册，第587页上、729页下、885页中、1004页上。

到了迦腻色迦王，由此推测引征了胜论及其学说的《大毗婆沙论》成书于迦腻色迦王时期。据此，宇井伯寿认为在二世纪时，胜论学派应该已经形成了一定的规模与影响。[①]

鸠摩罗什于405年译讫的龙树著《大智度论》中有一段著名的引自胜论经典的话：

> 问曰：何以言无方？汝四法藏中不说，我六法藏中说。汝众、入、界中不摄，我陀罗骠中摄。是方法，常相故、有相故，亦有亦常。如《经》中说：日出处是东方，日没处是西方，日行处是南方，日不行处是北方。日有三分合：若前合、若今合、若后合。随方日分，初合是东方，南方、西方亦如是。日不行处是无分。彼间此、此间彼是方相。若无方，无彼、此。彼、此是方相而非方。[②]

宇井伯寿指出这里的“六法藏”就是胜论派的“六句义”，“陀罗骠”是“六句义”之dravya“实”的音译。

此外，“日出处是东方，日没处是西方，日行处是南方，日不行处是北方”等几句有关“方”和“方相”（方的相状/特征）的引文与《胜论经》VS-C. 2.2.12-18（尤其是VS-C. 2.2.16-17两句）基本一致，所以这里的“经”应该就是指《胜论经》。

鸠摩罗什于411/412年译出的诃梨跋摩著《成实论》中亦有引

---

① 关于迦腻色迦王的年代，学界有争论，参见Arthur Llewellyn Basham ed., *Papers on the Date of Kaniṣka*, E.J. Brill, 1969。

② 《大正藏》第25册，第133中。

自《胜论经》的内容[①]：

a. 又随所受法，亦名为有；如陀罗骠等六事，是优楼佉有。

b. 有诸外道说："色等即是大，如僧佉等。"或说："离色等是大，如卫世师等。"

c. 卫世师人说："四大亦有非现见。"

d. 问曰：优楼佉弟子谓：香唯是地之求那。此事云何？答曰：无陀罗骠，是事已明，故知不然。又卫世师人谓：白镴、铅、锡、金、银、铜等，皆是火物，而是中有香，故知非唯地有。

e. 又卫世师人说：但地有熟变相，水等中无。

"求那"是guṇa"德（句义）"的音译。这几句引文与《胜论经》VS-C. 2.2.2-5的意思基本相同。

基于上述汉译佛典和其他相关材料，宇井伯寿提出，胜论学派的成立与经典的编撰并不同时，《胜论经》应该是学派成立后综合编撰祖师言论甚至加入后人注释后形成的汇编型文献。由此，宇井伯寿进一步把胜论的产生与发展分为三个阶段：首先，胜论学说起源于六师外道中的耆那教；其次，胜论学派大致形成于公元前150—公元前50年，创立者迦那陀为该时代人；第三，作为

① 下列引文分别参见《大正藏》第25册，第256页上、261页中、262页上、273页下、274页下。

学派之根本经典的《胜论经》大约定型于二至三世纪。[①]

此外，根据魏茨勒和伊萨克森等学者的研究，现在印度还留存一些独立的《胜论经》抄本。最具代表性的是伊萨克森在其博士论文中介绍并校勘的两种：[②]

第一种，印度古吉拉特邦艾哈迈达巴德印度学研究所（L. D. Institute）藏品，第 26307 号，不完整纸本，用天城体（Devanāgarī）写成，共 18 页，抄写年代不详，伊萨克森推测不晚于十八世纪。

第二种，位于特里凡得琅（Trivandrum）的喀拉拉大学写本图书馆（Kerala University Manuscripts Library）藏品，第 22615B 号，贝叶抄本，用马拉雅拉姆（Malayalam）字体写成，无抄写年代记录，伊萨克森推测抄写于十九世纪。

在《月喜疏》的梵文精校本问世之前，流通最广的《胜论经》是从商羯罗・弥施洛的《补注》中抽取出来的经文。一百多年来，《胜论经》被翻译成了许多种现代语言文字，既有与《补注》等注

---

① 宇井伯寿:『印度哲學研究』(第三册)，岩波書店，1965，第 421—456 页。宇井伯寿在英译《胜宗十句义论》的序言中把《胜论经》的编纂年代推定为 50—150 年，后在《印度哲学研究》中观点有所改变。此外，最早把印度六派哲学的形成与发展分为“学说的起源、学派的成立、经典的编纂”三个阶段的学者可能是博达斯。Mahadev Rajaram Bodas, *Tarkasaṁgraha of Annambhaṭṭa*, Bhandarkar Oriental Research Institute, 2003, p. xx. 金倉圓照:『インドの自然哲学』，平楽寺書店，1971，第 23 页注 7。

② Harunaga Isaacson, *Materials for the Study of the Vaiśeṣika System*, Rijksuniversiteit Leiden, 1995, pp. 200-300. Albrecht Wezler, “Remarks on the Definition of ‘*yoga*’ in the *Vaiśeṣikasūtra*”, *Indological and Buddhist Studies*, Australian National University, 1982, pp. 643-649.

释文献一起出版，也有把经文从注释中抽取出来单独成书。[①]

（2）《月喜疏》（*Candrānandavṛtti*）

《月喜疏》梵文题名 *Candrānandavṛtti*，亦可音译为《旃陀罗阿难陀注》，是名为“月喜”（Candrānanda）之人为《胜论经》所作的注疏（*vṛtti*），大约撰写于六世纪上半叶。[②] 全疏共载经文（sūtrapāṭha）384 句，分为十章（adhyāya）。前七章每章都分为两节（āhnika）[③]，后三章内部没有小节区分，塔库尔在梵文精校本导言中指出这不可能是抄写的问题，而是有一种学术传统使得最后三章不分节。

在 1961 年之前，学者们可以利用的《胜论经》几乎只有保存在《补注》中的经文。近现代学者注意到了传自商羯罗·弥施洛的《胜论经》经文有很多文本问题，但因没有其他的传抄本可以对照而难解困惑。《月喜疏》的发现极大地改变了《胜论经》的研究状况，一些问题迎刃而解。《月喜疏》不仅包含了较古形态的经文，对经文的解释也属于早期胜论的思想范式，因而被公认为是现存胜论派文献中最古老的《胜论经》及注释。

事实上，《月喜疏》的梵文本早在 1874 年就由朋亚维杰亚（Muni Śrī Puṇyavijayajī）在位于印巴边境的贾沙梅尔（Jaisalm-

---

① 参见后文对《胜论经》各注释文献之研究情况的介绍。姚卫群曾根据 Archibald Edward Gough, tr., *The Vaiśeshika Aphorisms of Kaṇāda,* Trübner & Co, 1873，将《胜论经》经文和《补注》部分注释译成了汉文，收于姚卫群：《古印度六派哲学经典》，商务印书馆，2003 年，第 1—43 页。

② 参见“导言”第三部分对月喜之活跃年代的推定。

③ āhnika：直译“日课”，意为白天进行的功课，也可指每天在规定的时间进行的宗教仪式。

er）发现了，但没有流传开来。宇井伯寿在其1917年出版的博士论文中记道：听基尔霍恩（L. F. Kielhorn）说，有一部完整的Candrananda（原文，疑有误）撰写的“注释”（*Bhāṣya*）流传下来。① 然而，宇井伯寿在后来的著述中没有再提起过这一文献，所以推测他即便早年已知《月喜疏》梵本的存在，也并未有机会得见。直到1961年，印度著名梵文学家、耆那教徒降布维杰亚才将《月喜疏》全文校订出版（1982年再版重印）。这一成果轰动了当时整个印度学界，弗劳瓦尔纳于翌年发表书评，毫无保留地高度评价了这一精校本，同时指出今后任何有关古典胜论的研究都必须利用这一《月喜疏》。②

根据塔库尔所撰导论，降布维杰亚使用了以下两个写本作为校勘的底本：③

其一，朋亚维杰亚发现的完整纸本。现藏于古吉拉特邦艾哈迈达巴德印度学研究所，共34页，尺寸为23.0厘米 ×8.3厘米，每页12行，每行约42字（音节），用耆那教天城体（Jaina Devanāgarī）写成，没有年代和抄写者等记录。塔库尔根据所用纸张和手写风格，推定抄写年代为十三、十四世纪。此外，该写本的前五页是单独的《胜论经》经文，第6—34页才是月喜的注疏，

---

① Ui Hakuju, *The Vaiśeṣika Philosophy According to the Daśapadārthaśāstra*, Royal Asiatic Society, 1917, p. 13.

② Erich Frauwallner, “Review of Muni Śrī Jambūvijayajī, ed., *Vaiśeṣikasūtra of Kaṇāda with the Commentary of Candrānanda*”, in Wiener Zeitschrift für die Kunde Süd- (und Ost-) Asiens, 1962.

③ Muni Śrī Jambūvijayajī, ed., *Vaiśeṣikasūtra of Kaṇāda with the Commentary of Candrānanda*, Oriental Institute, 1961, Introduction, p. 1.

且疏文都分别抄在每句经文之后，故经文与注疏的区分极为清晰。降布维杰亚认为前五页独立的经文很可能是从注疏中抽抄出来的。

其二，位于艾哈迈达巴德东南的巴罗达东方学院（Oriental Institute, Baroda）藏品，编为正理部（Nyāya Section）第 393 号，按字母标为 No. 1831(h)。完整纸本，用夏拉达体（Śāradā）写成，共 21 页，每页 23 行，每行约 21 字（音节）。《胜论经》经文和月喜的注疏混在一起。没有年代和抄写者等记录。塔库尔认为不会很古老，伊萨克森也没有给出任何年代推测。

此外，根据伊萨克森在二十世纪九十年代的调查，除了上述两件梵本外，《月喜疏》另有三件纸质抄本存世：[1]

印度普纳班达伽东方研究所（The Bhandarkar Oriental Research Institute）藏品，编为 1873—1874 年第 99 号，共 20 页，尺寸为 18.5 厘米 ×31.5 厘米，用耆那教天城体写成，标有日期 Saṃvat 1931，即 1874 年或 1875 年（根据收藏年代，可确定抄写于 1874 年），编目所记抄写地点为贾沙梅尔。这一写本与朋亚维杰亚最初发现的梵本一样，也有独立的经文在前，然后才是含经文的注释，故很可能是朋亚维杰亚于 1874 年发现梵本后就地誊抄之物。

印度普纳班达伽东方研究所藏品，编为 1875—1876 年第 403 号，用夏拉达体写成，共 33 页，尺寸为 26.5 厘米 ×17.0 厘米，没有年代与抄写者等信息。

印度中西部城市乌贾因（Ujjain，即古代的优禅耶尼国）的辛

① Harunaga Isaacson, *Materials for the Study of the Vaiśeṣika System*, Rijksuniversiteit Leiden, 1995, pp. 146–147.

迪亚东方研究所（Scindia Oriental Institute）藏品，第4635号，用夏拉达体写成。前半部分是《思择纲要》（*Tarkasaṃgraha*）及其注释《思择灯》（*Tarkadīpikā*），从页22r15开始至页35r才是《月喜疏》，页35r还含有另一部尚未确定的作品的开头。根据最后的跋文，抄写日期为1888年9月11日。

此外，宫元啓一在日译本前言中提到，他的日文翻译是基于降布维杰亚1961年刊布的精校本，但同时朋友还给了他一份印度普纳班达伽东方研究所收藏的古写本的复印件。宫元啓一没有对这份复印件进行任何描述，不知是否为伊萨克森提到的第99号或第403号，甚至其他写本。宫元啓一只是谦虚道自己没有阅读梵文古写本的能力，所以在翻译时没有参照这一写本。[①]

《月喜疏》的梵文精校本一公布，学界就普遍注意到了该文本的重要价值，认为《月喜疏》所传的《胜论经》经文要比长期以来被当作经文唯一文本来源的《补注》所传更符合早期胜论派的教义，对《胜论经》与胜论思想的研究不再完全依赖于《补注》；甚至就经文本身来说，从精校本出版之日起，《月喜疏》就取代了《补注》作为标准文本的地位。

日本和西方学界非常重视这一被"埋没"了上千年的重要文献，不断推出翻译与解读等研究成果。金仓圆照1971年全译了《月喜疏》所载经文以及《月喜疏》独有经文的相应注释，并与《补注》所载经文及其解释进行了比较。[②] 中村元在翻译《胜论经》

① 宫元啓一:『ヴァイシェーシカ・スートラ』，臨川書店，2009，第3—4页。

② 金倉圓照:『インドの自然哲学』，平楽寺書店，1971，第47—94页。

时参照了《月喜疏》的部分解释。[①] 伊萨克森的硕士论文和博士论文都是关于《胜论经》的研究：硕士论文翻译了 VS-C. 3.1.13、3.2.1、4.1.6-14 的经文与注释以及整个第八章，博士论文精校了第一、二章梵文，但无翻译。[②] 哈勃法斯于 1992 年出版的古典胜论哲学研究专著英译了 VS-C. 1.2.1-18、9.1-12 的经文与注疏。[③] 野沢正信在 1993 年发表了作为硕士论文部分内容的完整英译的第一、二章。[④] 根据伊萨克森的描述，野沢正信提交给印度马德拉斯大学（University of Madras）的硕士论文包含了《月喜疏》的全部英译，但未正式出版，笔者也未能得见该硕士论文。塔库尔虽然没有全译《月喜疏》，但在 2003 年的专著中逐条解释《胜论经》经文时，给出了不少月喜对经文的独特理解，并与《补注》《摄句义法论》等其他相关文献作比较，相当于翻译了《月喜疏》的部分注释内容。[⑤]2012 年，匈牙利学者陆沙在网络媒体（www.academia.edu）上传了基于五个写本的精校稿（完成于 2004 年，未正式出版）。[⑥]

由于梵文本发现较晚，且文本本身存在一些问题，再加上早

---

① 中村元:『ヴァシェーシカ学派の原典』,『三康文化研究所年報』10—11，1977—1978，第 1—156 页。

② Harunaga Isaacson, *A Study of Early Vaiśeṣika*, Rijksuniversiteit Groningen, 1990. Harunaga Isaacson, *Materials for the Study of the Vaiśeṣika System*, Rijksuniversiteit Leiden, 1995.

③ Wilhelm Halbfass, *On Being and What There Is*, State University of New York Press, 1992, pp. 238–246.

④ Nozawa Masanobu, "The *Vaiśeṣikasūtra* with Candrānanda's Commentary (1)", *Numazu Kōgyō Kōtō Senmon Gakkō Kenkyū Hōkoku* 27, 1993, pp. 97–116.

⑤ Anantalal Thakur, *Origin and Development of the Vaiśeṣika System*, Motilal Banarsidass, 2003, pp. 24–121.

⑥ Ferenc Ruzsa, Candrānanda's Commentary on the Vaiśesika-Sūtra, 2004, unpublished.

期胜论派的相关资料极少，解读《月喜疏》成为了一项比较困难的工作。目前为止，有关《月喜疏》之哲学思想的研究并不多见，主要是钦帕热特于 1970 年发表的关于月喜之神学思想的短文。[①]比较遗憾的是伊萨克森在其博士论文中对巴达·伐定陀罗的学说进行了概要论述，但没有对《月喜疏》的思想进行解读。作为思想研究之重要依据的现代语全译本此前只出版了宫元啓一的日译。本书是国际学界对《月喜疏》的第二次全译。

《月喜疏》的主要内容可参看本书目录中概括自各章节内容的大小标题。

（3）巴达·伐定陀罗的注释

《月喜疏》之后，现存最早的《胜论经》注释书由巴达·伐定陀罗撰写，有“广本”和“略本”之分。

一般称“广本”为《迦那陀经集释》（*Kaṇādasūtranibandha*）或《思择海》（*Tarkasāgara*）。“略本”是“广本”的删节本，一般常称为《巴达伐定陀罗注》（*Bhaṭṭavādīndrabhāṣya*）。但是，“广本”与“略本”不仅所载《胜论经》经文存在一定差异，释文内容本身也有诸多不同。

此外，“广本”可能的题名还有《胜论经广注》（*Vaiśeṣikasūtravārttika*）、《迦那陀经广注》（*Kaṇādasūtravārttika*）、《胜论广注》（*Vaiśeṣikavārttika*）等。“略本”曾被塔库尔称为《解说》（*Vyākhyā*）、《无名氏注》（*Anonymous Commentary*），容易造成误解，如哈勃法斯就误认为《思择海》（广本）与《无名氏注》属

① George Chemparathy, “The Īśvara Doctrine of the Vaiśeṣika Commentator Candrānanda”, *Ṛtam* vol.1, no. 2, 1970, pp. 47–52.

于不同的作者。伊萨克森倾向于称“广本”为《思择海》，“略本”为“《思择海》删节本 / 缩略本”（Abridged version of the *Tarkasāgara*）。[①] 对于写本中没有明确题名的古代文献，或其名称发现之前，文本的最初校订者、编辑者和研究者往往具有命名权。

国际学界对巴达・伐定陀罗的广、略两种注释的研究都不够深入，主要是塔库尔在 1957 年出版了“略本”的校订本。该校订本的底本是梵文学者萨斯特林（V. A. R. Śāstrin）收藏的马拉雅拉姆文贝叶，写本的相关情况最早由夏拉玛披露于 1951 年：内容不完整，结束于第九章第一节，模糊不清的地方很多，也有一些明显的错误，没有关于作者的记载。[②] 塔库尔在序言中指出这一贝叶写本所载的经文遵循了巴达・伐定陀罗的一些北方传统，很有可能是他的《迦那陀经集释》的删节本。在随后的研究中，塔库尔进一步确认了该抄本是由巴达・伐定陀罗或其学生为无法学习全部《迦那陀经集释》者提供的学习《胜论经》的入门读物。然而，其中的经文与释文混合在一起，很难明确区分哪些是经文，哪些是对经文的引述或注释。[③] 因此，要从这一“略本”中抽离出独立的《胜论经》是比较困难的。

1965 年，塔库尔撰文披露了称为“马德拉斯（Madras）写本”

---

① Anantalal Thakur, ed., *Vaiśeṣikadaraśana of Kaṇāda with an Anonymous Commentary*, Mithila Institute, 1957. Harunaga Isaacson, *Materials for the Study of the Vaiśeṣika System*, Rijksuniversiteit Leiden, 1995, pp. 12–14. Wilhelm Halbfass, *On Being and What There Is*, State University of New York Press, 1992, p. 75.

② V. V. Sharma, “Vaiśeṣika-sūtra”, *Journal of Oriontal Institute*, vol. 1, 1951, pp. 225–227.

③ Anantalal Thakur, “Bhaṭṭavādīndra—The Vaiśeṣika”, *Journal of the Oriental Institute* 10, 1960, pp. 23–31.

的另一《胜论经》注释残本的基本信息，1985 年出版了该写本的校订本，即后来所谓的“广本”。[①] 塔库尔在该书的附录中不仅收录了 1957 年出版的“略本”校订本，还有另一“无名氏注”的残片（第九章）。[②] 在这一校订本中，“广本”占据了长达 256 页，而附录中的“略本”则只有 26 页，从这一简单的页数比较也可直观两种注释书的巨大差别，而且“略本”中的几乎每一句话都可以在“广本”中找到，虽然有时词序略有不同。伊萨克森总体评价塔库尔的这一校订本没有给出明确的原本信息，校订情况也差强人意。

伊萨克森在其 1995 年提交莱顿大学的博士论文的第一部分中，重新校订并翻译了“略本”的第六、七章，并在“导论”部分详细讨论了各种梵文写本的情况及前人的先行研究等，并据此稍略探讨了巴达·伐定陀罗的哲学思想。伊萨克森在塔库尔研究的基础上，进一步例举了一些段落来考察“广本”和“略本”之间的关系，他否定了野沢正信提出的“广本”是在“略本”的基础上扩充而来的可能，而同意塔库尔的说法，主张“广本”的年代更早，“略本”基于“广本”抽缩形成。[③]

---

① Anantalal Thakur, “Studies in a Fragmentary *Vaiśeṣikasūtravṛtti*”, *Journal of the Oriental Institute* 14, 1965, pp. 330–335. Anantalal Thakur, ed., *Vaiśeṣika-darśanam*, Mithila Institute, 1985.

② 另据伊萨克森的报道，该残本注释的第十章现作为一个独立的写本保存在加尔各答的亚洲学会（Asiatic Society），尚未见公开出版。Harunaga Isaacson, *Materials for the Study of the Vaiśeṣika System*, Rijksuniversiteit Leiden, 1995, pp. 11–12.

③ Nozawa Masanobu, “The *Sūtrapāṭha* of the *Vaiśeṣikasūtra-vyākhyā*”, *Journal of Indian and Buddhist Studies* 23, 1974, pp. 24. Harunaga Isaacson, *Materials for the Study of the Vaiśeṣika System*, Rijksuniversiteit Leiden, 1995, pp. 13–22.

特别值得注意的是，降布维杰亚在《月喜疏》的精校本之后，分两个附录列举了《月喜疏》与《补注》、《月喜疏》与巴达・伐定陀罗的“略本”所载《胜论经》经文的不同之处。[①] 野沢正信亦有论文列表详细比较了这三部注疏所引《胜论经》经文的差异。[②] 而根据塔库尔为降布维杰亚的梵文校订本所写的“导论”(Introduction)，概括而言，《月喜疏》(VS-C)《解说》(VS-V)《补注》(VS-U)的主要不同有以下八处：[③]

(a)VS-C 和 VS-V 均没有 VS-U. 1.1.4，VS-U 很可能是受到了《摄句义法论》的影响才加入了这一句概述“六句义”的著名经文。

(b)VS-C. 2.2.34 与相对应的 VS-U. 2.2.29 不同，巴达・伐定陀罗和乌底耶塔卡罗都支持 VS-C 的说法，VS-U 可能受到了其他胜论文献的影响。

(c)VS-C. 3.1.8 的一长句经文，VS-U 分成了六句，即 VS-U. 3.1.8—13。

(d)VS-U 没有 VS-C. 4.1.7，但 VS-V 有该句；乌底耶塔卡罗和莲花戒也引用了这句经文。

(e)VS-U 没有 VS-C. 6.1.2，VS-V 有类似的表述，《光环》和《正理芭蕉树》中亦有类似表述。

(f)VS-U 没有 VS-C. 10.7，《摄句义法论》及其注释中有该句

---

① Muni Śrī Jambūvijayajī, ed., *Vaiśeṣikasūtra of Kaṇāda with the Commentary of Candrānanda*, Oriental Institute, 1961, pp. 84–140.

② Nozawa Masanobu, “A Comparative Table of the *Vaiśeṣikasūtra*”, *Division of Liberal Arts, Numazu College of Technology* 20, 1986, pp. 75–93.

③ Muni Śrī Jambūvijayajī, ed., *Vaiśeṣikasūtra of Kaṇāda with the Commentary of Candrānanda*, Oriental Institute, 1961, pp. 18–19, 87–122.

经文。

（g）VS-U. 8.1.5 与 VS-C. 8.5 相同，但是 VS-V 中无此句；乌底耶塔卡罗和迦亚罗希·巴达（Jayarāśi Bhaṭṭa，约八世纪）引用过该句。

（h）VS-C 中还有一些不见于 VS-U 的经文与 VS-V 一致。

此外，从所载经文的数量看，三大注释亦有很大差别（表 1）。

表 1 《月喜疏》《补注》《解说》各章节所引经文数量

章·节	《月喜疏》VS-C	《补注》VS-U	《解说》VS-V
第一章·第一节	29	31	31
第一章·第二节	18	17	16
第二章·第一节	28	31	32
第二章·第二节	43	37	37
第三章·第一节	14	19	21
第三章·第二节	17	21	14
第四章·第一节	14	13	12
第四章·第二节	9	11	10
第五章·第一节	18	18	16
第五章·第二节	28	26	24
第六章·第一节	18	16	14
第六章·第二节	19	16	18
第七章·第一节	32	25	27
第七章·第二节	31	28	28
第八章	17	11+6=17	12+5=17
第九章	28	15+13=28	7+0=7
第十章	21	7+9=16	0

（4）《补注》（*Upaskāra*）

Upaskāra 一词本意为“补充”“增添”，是商羯罗·弥施洛撰写的《胜论经》注释的书名。

关于《补注》的成书年代，梵文本的校订者之一纳饶雅纳·弥施洛以及达曼达罗·萨斯特利等大多数学者认为是在十五世纪。达斯古帕塔主张确定在1425年，范德贡则认为是1600年左右，宇井伯寿推断为1650年。①

《补注》的梵文校订本较多，近现代学术意义上最早出版的可能是1861年收入“印度丛书”（Bibliotheca Indica）的第34册，②该书1923年收入“卡斯梵语系列”（Kashi Sanskrit Series），作为丛书的第3册在贝拿勒斯（现瓦拉纳西）再版。较早将《补注》完整翻译为英文的学者是辛哈，全译本首次出版于1911年。③二十世纪上半叶，还有一些印度学者陆续给《补注》作注释。④

《补注》包含370句经文，分为十章，每章分两节。作为新正理派的学者，商羯罗·弥施洛以新正理的风格来注释《胜论经》，并称在撰写时没有其他任何《胜论经》的注释文献可以参考。《补注》本身问题很多，早已为学者们所诟病，但这是在《月喜疏》发现之前流传最广的《胜论经》经文与注释，因而具有重要的学术意义。

---

① Śrī Nārāyaṇa Miśra, ed., *Vaiśeṣikasūtropaskāra of Śrī Śaṅkara Miśra*, Chaukhambha Sanskrit Sansthan, 1969, p. vii. Dharmendra Nath Shastri, *Critique of Indian Realism*, Agra University, 1964, p. 25. Surendranath Dasgupta, *A History of Indian Philosophy*, vol. I, Cambridge University Press, 1957, p. 306. Barend Faddegon, *The Vaiśeṣika System*, Johannes Müller, 1918, p. 17. Ui Hakuju, *The Vaiśeṣika Philosophy According to the Daśapadārthaśāstra*, Royal Asiatic Society, 1917, p. 15.

② Jayanārāyaṇa Tarkapañcānana, ed., *The Vaiśeshika-darśana*, C.B. Lewis, Baptist mission Press, 1861.

③ Nandalal Sinha, tr., *The Vaiśeṣika Sūtras of Kaṇāda*, Pāṇini Office, 1923.

④ Bimal Krishna Matilal, *Nyāya-Vaiśeṣika*, Otto Harrassowitz, 1977, p. 74.

（5）《咩吼子注》（*Rāvaṇabhāṣya*）

Rāvaṇa 音译“罗瓦那”，*bhāṣya* 是“注释”的意思，故可译为《罗瓦那注》，或意译为《哮吼子注》。这一《胜论经》的注释现已不存，只在两种文献中被提到过：十六、十七世纪的正理派学者巴达玛阿帕·弥施洛（Padmanābha Miśra）著《光环之辉》（*Kiraṇāvalībhāskara*），该书是对乌达雅纳的《光环》的注释；吠檀多派著名学者商羯罗（Śaṇkara）在注释《梵经》（*Brahmasūtra*）2.2.11 时，引用《哮吼子注》的话来说明“二极微”如何具有“大性”的问题。关于《哮吼子注》的成书年代，凯斯和宇井伯寿认为在《摄句义法论》之后，达曼达罗·萨斯特利则主张早于《摄句义法论》。[①]

塔库尔怀疑罗瓦那有一别名 Ātreya，所谓的阿特若亚撰写的《胜论经》之注释书——《阿特若亚注》（*Ātreyabhāṣya*）——实际就是《罗瓦那注》。[②] 由于缺乏原文献，在更多的资料出现之前，有关《哮吼子注》之年代及形式内容等的看法，都是缺乏可靠依据的推测。

（6）其他

范德贡、达斯古帕塔、拉达克里希南、宇井伯寿等学者在著作中都提到过一部题名《婆罗多瓦吉疏》（*Bhāradvājavṛtti*）的

---

① Dharmendra Nath Shastri, *Critique of Indian Realism*, Agra University, 1964, pp. 103–105. 金倉圓照:『インドの自然哲学』, 平楽寺書店, 1971, 第 31—32 页。

② Anantalal Thakur, "The Problem of the *Vaiśeṣika-bhāṣya*", *Proceedings of the 26th International Congress of Orientalists,* Organising Committee XXVI International Congress of Orientalists, 1969, p. 490.

《胜论经》注疏，但达曼达罗·萨斯特利认为不存在这一注释文献。[①]

从《胜论经》到《摄句义法论》的几百年间，是否还出现过更多的《胜论经》的疏释文献，虽然很难下定论，但就目前所知的情况来说，尚未见到其他流传下来的文本。

2.《胜宗十句义论》及其注疏

（1）《胜宗十句义论》

惠月（慧月）造，玄奘于贞观22年（648）在弘福寺翻经院译出，一卷，共6000余字。《胜宗十句义论》是唯一一部有古代汉译的胜论派文献，尚未发现梵文本和藏译本，一般推测其梵文题名为 *Daśapadārthaśāstra* 或 *Daśapadārthī*。

对于玄奘大师为什么没有翻译胜论派的根本经典《胜论经》而译出《胜宗十句义论》，汤用彤认为：

> 然玄奘独舍胜论经而译此论，岂龙树、世亲时代仅有六句义说，而玄奘时则十句义颇有注目者耶？然奘师志宏佛典，尽日穷年，或因此论较短，遂偶尔译之，原非必十句义之盛行其世也。[②]

---

① Barend Faddegon, *The Vaiśeṣika System*, Johannes Müller, 1918, pp. 34–40. Surendranath Dasgupta, *A History of Indian Philosophy*, vol. I, Cambridge University Press, 1957, p. 306. Sarvepalli Radhakrishnan, *Indian Philosophy*, vol. II, The Macmillan Company, 1958, p. 180. 宇井伯寿:『印度哲學研究』(第三册)，岩波書店，1965，第421页。Dharmendra Nath Shastri, *Critique of Indian Realism*, Agra University, 1964, pp. 107–108.

② 汤用彤:《印度哲学史略》，河北人民出版社，2002年，第116页。

《胜宗十句义论》的成书年代，学界尚无完全定论，一般都与《摄句义法论》相比较而纠结于两者的先后关系。如前文所述，惠月与吉祥足之年代关系的考察，代表性的说法是宇井伯寿和弗劳瓦尔纳，前者认为《摄句义法论》在先，而后者主张《胜宗十句义论》更早。宫元啓一指出这两种说法的着眼点都是两文本内容之相互平行的“依止”关系，故没有实质的不同；而他从两论与《胜论经》内容之“距离”这一视角来考察，提出《胜宗十句义论》比《摄句义法论》具有更多原初性的创见，因此年代较古，即《胜宗十句义论》成书于四世纪后半叶至五世纪前半叶。[①]

《胜宗十句义论》不是逐条引用《胜论经》经文后进行解释的注释书，而是主要阐释了有别于《胜论经》之“六句义”的“十句义”理论。叙述言简意赅，除了概念的罗列与比较之外，几乎无一描述性的言语，堪称印度婆罗门教正统派哲学纲要书的典范。

《胜宗十句义论》的内容可以大分为两部分，上篇是对各个“句义”的定义，下篇阐述了各“句义”的意义与属性。“十句义”学说在印度基本失传，对当时及后世的影响都很小。在后来的胜论派文献中，几乎不再见到“有能句义”和“无能句义”的痕迹，而“无说句义”则发展成了“无句义”，与前“六句义”形成新的“七句义”学说，对后世印度思想界有着一定的影响。与此同时，《胜宗十句义论》没有提到自在天、解脱、瑜伽等几个胜论派非常重视的概念和问题。

作为因保留在汉译文献中而得到流传的胜论派经典，《胜宗十

① 宫元啓一:『牛は実在するのだ！』，青土社，1999，第25—26页。

句义论》具有重要而独特的学术价值。最早对此论进行现代学术意义上的研究的是宇井伯寿，其博士论文《〈十句义论〉的胜论哲学》乃成名之作，[①]对后来世界范围内的印度哲学研究都产生了重要的影响。1977年，印度学者邬玛·迦出版了《胜宗十句义论》的梵文译本。[②]宫元啓一先于1996年出版了《胜宗十句义论》的英译、梵译及研究，后于1998年、1999年出版了日译与较通俗的解说等。[③]

（2）《胜宗十句义论》的注疏

中国没有流传下来《胜宗十句义论》的注释文献。十八、十九世纪的日本学僧撰写了不少注疏，主要有法住《胜宗十句义论记》（两卷）、基辨《胜宗十句义论积》（两卷）、严藏《胜宗十句义论识》（两卷）、快道《胜宗十句义论诀择》（五卷）、宝云《十句义论闻记》（一卷）、光法《胜宗十句义论讲义》（一卷）等。

3.《摄句义法论》及其注疏

（1）《摄句义法论》（*Padārthadharmasaṃgraha*）

《摄句义法论》常因其作者名Praśastapāda（吉祥足/钵罗阇思特波陀）而被称为*Praśastapādabhāṣya*（《吉祥足注》/《钵罗阇思特波陀注》）。莲花戒在其《摄真实广注》（*Tattvasaṃgrahapañjikā*）中称《摄句义法论》为*Padārthapraveśaka*（《入句义》）。此

---

① Ui Hakuju, *The Vaiśeṣika Philosophy According to the Daśapadārthaśāstra*, Royal Asiatic Society, 1917.

② Uma Ramana Jha, tr., *Dasa-Padarthi*, Principal, 1977.

③ Miyamoto Keiichi, *Daśapadārthī*, Rinsen Book Co., Ltd., 2007. Miyamoto Keiichi, *The Metaphysics and Epistemology of the Early Vaiśeṣikas*, Bhandarkar Oriental Research Institute, 1996. 宮元啓一:「新・国訳『勝宗十句義論』」,『国学院大学紀要』, 1998，第1—30页。宮元啓一:『牛は実在するのだ！』，青土社，1999。

外，该论还有 *Padārthasaṃgraha*（《摄句义论》）等别名。[①]

与“注”（*bhāṣya*）字的本意是对原文献之注疏解释不同的是，《摄句义法论》没有对《胜论经》经文本身进行逐条分析，而是重新系统阐述了胜论派的“六句义”等理论，成一家之言，故常被认为是一部独立于《胜论经》的论著。《摄句义法论》对中后期胜论派的发展影响极大，是除了《胜论经》以外最能代表胜论思想学说的文献，而且一度有取代《胜论经》成为胜论派最重要经典的趋势。

关于《摄句义法论》的文本与思想研究是胜论甚至整个印度哲学领域中成果最丰富的部分。如早在 1918 年，范德贡就把《摄句义法论》节译为英文。[②] 金仓圆照和中村元分别于 1971 年和 1978 年出版了日文全译本。[③] 迦哈和本多惠分别作了英文与日文翻译的《正理芭蕉树》中包含的《摄句义法论》文本，亦可看作是对该论的全译，分别出版于 1982 年和 1990 年。[④] 姚卫群曾翻译了拉达克里希南和摩尔编《印度哲学史料集》中刊载的英译节本。[⑤]

现存《摄句义法论》的梵文写本很多，以至于无法准确统计其书目与品质。日本学者田中典彦于 1991 年发表的文章中称收集

---

① S. Peeru Kannu, *The Critical Study of Praśastapādabhāṣya*, Kanishka Publishing House, 1992, pp. 3–4.

② Barend Faddegon, *The Vaiśeṣika System*, Johannes Müller, 1918.

③ 金倉圓照:『インドの自然哲学』，平楽寺書店，1971，第 95—236 页。中村元:「ヴァシェーシカ学派の原典」，『三康文化研究所年報』10—11，1977—1978，第 157—315 页。

④ Gaṅgānātha Jhā, tr., *Padārthadharmasaṅgraha of Praśastapāda*, Chaukhambha Orientalia, 1982. 本多惠:『ヴァイシェーシカ哲学体系』，国書刊行会，1990。

⑤ 姚卫群:《古印度六派哲学经典》，商务印书馆，2003 年，第 44—62 页。

了 36 种写本，而且他根据一些目录估计《摄句义法论》的留存写本总数在 100 种左右。[①] 田中典彦后在 1994 年出版的论著中，罗列了之前提到的 36 种写本中的 34 种，还补充列举了 18 种收藏于瓦拉纳西的写本，即共 52 种写本。其中，32 种用城体（Nāgarī）写成，14 种用孟加拉（Bengali）字体写成，2 种用夏拉达字体写成，另有迈蒂利（Maithili）、阿萨姆（Assamese）、古兰塔（Grantha）、泰卢固（Telugu）的字体抄写的文本各一种。虽然收集了很多写本，田中典彦还是表示有不少《摄句义法论》的写本尚未被编目或者因被错误地编目而无法准确统计。[②]

伊萨克森指出，除了田中典彦介绍的写本外，还有用马拉雅拉姆文写成的贝叶，如收藏于喀拉拉大学写本图书馆的第 34 号文献。可以说印度的主要文字都流传有《摄句义法论》的抄写本，目前唯独没有见过用奥里亚（Oriya）和卡纳达（Kannada）字体抄写的纸本或贝叶。[③] 相信随着写本整理工作的持续和研究的深入，《摄句义法论》的文本数目会越来越多，200 种以上的写本可能会让研究者望而生畏。当然，可以想见的是，数量如此庞大的写本中，完整的《摄句义法论》并不多，很多文本只保留了其中的一部分内容，即缺本或残本较多，其中最常见的是论述“实体”部

---

① Tanaka Norihiko, “The Tradition of the *Padārthadharmasaṃgraha* in *Śāradā* Script”, *Bukkyō Daigakū Kenkyū Kiyō* 75, 1991, pp. 1–24.

② Tanaka Norihiko, *The Padārthadharmasaṃgraha of Praśastapāda, volume I: Dravyaprakaraṇa. [Part I Variant Readings of the Manuscripts (1)]*, Kyoto: [s.n.], 1994, pp. xi–xv, vi.

③ Harunaga Isaacson, *Materials for the Study of the Vaiśeṣika System*, Rijksuniversiteit Leiden, 1995, p. 325, n. 24.

分的纸本。

《摄句义法论》本身所体现的学说及其与《胜论经》《胜宗十句义论》之间的异同点，都是研究胜论哲学与思想史的重要课题，日本和西方学者已经在这方面取得了很好的成就。如野沢正信曾细致比较了《月喜疏》《补注》《解说》三部注释所载经文与《摄句义法论》的相似度，可知《摄句义法论》所引《胜论经》最接近《月喜疏》中的文句。① 以下根据金仓圆照的日译本及其研究，简要介绍《摄句义法论》特有的一些学说：②

（a）最早明确把“句义”阐述为实、德、业、同、异、和合六种。

（b）提出“德”有二十四种，比《胜论经》多了七种，与《胜宗十句义论》相同。其中，把“法”（功德善行）等同于“四种姓”的义务、“四行期”的实践等道德，并与轮回和解脱问题相关联。

（c）通过地、水、火、风四大来说明世界的创造与毁灭，并把这种不断流转的创造与毁灭的动力归于大自在天的意志。《胜论经》和《胜宗十句义论》中都没有这种主宰神的理论。

（d）详细论述了“熟变”（Pākaja，燃烧生）现象。“熟变”一词在《补注》的经文中只出现了一次（VS-U. 7.1.6），在《月喜

① Nozawa Masanobu, “The *Sūtrapāṭha* of the *Vaiśeṣikasūtra-vyākhyā*”, *Journal of Indian and Buddhist Studies* 45, 1974, pp. 24–27. Nozawa Masanobu, “A Comparative Table of the *Vaiśeṣikasūtra*”, *Division of Liberal Arts, Numazu College of Technology* 20, 1986, pp. 75–93.

② 金倉圓照:『インドの自然哲学』, 平楽寺書店，1971，第 36—39、97—236 页。

疏》的经文中出现了三次（VS-C. 7.1.10、7.1.11、7.1.13）。《胜宗十句义论》中没有“熟变”理论。

（e）独特的知识论把觉（认识）分为“明”与“无明”两大类。“无明”又分为疑惑、颠倒、不决定、梦四种，“明”则分为现量（直接知觉）、比量（间接推理）、忆念、圣仙知四种。比量包括“声”和“其他量”，“其他量”中的“非有”相当于“十句义”中的“无”。此外，还详细论述了比量中的“五支作法”以及各种“似因”（错误的理由）。

（f）明确把“同”分为“上同”与“下同”，在“异”中区分出“边异”。

总体来说，与《胜论经》之简单且晦涩的表述相比，《摄句义法论》显得清晰易懂，更容易让人把握胜论哲学的全貌与细节。

（2）《摄句义法论》的注疏

从思想史的实际影响来看，《摄句义法论》无疑是胜论派最重要的经典。印度现存不少有关《摄句义法论》的注释，有四种成书于十世纪左右的文献被称为“古注”，分别如下：

第一，是《宛若虚空》（*Vyomavatī*）。虚空净（伐优弥湿婆）撰写的《宛若虚空》是对《摄句义法论》全书的完整注释，很可能是现存“古注”中最早的一种。

1916年，卡维罗阇在南印度的一座印度教寺院里发现了《宛若虚空》的梵文抄本，学界才知道这一注释书的存在。该抄本现藏于瓦拉纳西的“辩才天图书馆”（Sarasvati Bhavan Library）。1930年，卡维罗阇和遁地拉阇·萨斯特里一起校订了梵文本，并与《摄句义法论》的另两种属于新正理派的“新注”合成一书出版。[①] 1983年，高日纳特·萨斯特里重新校订了梵本，修正了第一次校订本的诸多错误，出版成了两卷本。[②] 本多惠于2009年出版了基于新梵文校订本的日译本《虚空の如く》。[③]

另据哈勃法斯的报道，还有一天城体抄本未校订出版，该写本现藏于迈索尔大学（University of Mysore）的东方研究院（Oriental Research Institute），编号为No. C-1575。[④]

《宛若虚空》中引用的很多《胜论经》经文并不能在现存的《月喜疏》《解说》《补注》等中找到相对应的文句，因此，学界推测虚空净在撰写时可能参考了较早期的《胜论经》单行本或其他注释书。

第二，是《正理芭蕉树》（*Nyāyakandalī*）。妙持（室利达罗）完成于991年或992年的《正理芭蕉树》条理清晰地解释了《摄句义法论》全书，适合系统学习，是现存注释书中最有名的，成书不久后即在学者中间流行。

现存不少《正理芭蕉树》的抄写本，目前学界较常用的校订本是捷特里和帕里克在大卫韦迪校订本的基础上，结合捷特里收集的三种保存于贾沙梅尔的贝叶写本，进行的重新校订，于1991

---

① Gopi Nath Kavirāj and Dhundhirāj Shāstri, eds., *The Praśastapādabhāṣyam by Praśastadevācārya with Commentaries (up to dravya), Sūkti by Jagadīśa Tarkālaṅkāra, Setu by Padmanābha Miśra, and Vyomavatī by Vyomaśivācārya (to the end),* Chowkhamba Sanskrit Series Office, 1930.

② Gaurinath Sastri, ed., *Vyomavatī of Vyomaśivācārya*, Sampurnanand Sanskrit Vishvavidyalaya,1983.

③ 本多惠:『虚空の如く』, 平楽寺書店，2009。

④ Wilhelm Halbfass, *On Being and What There Is*, State University of New York Press, 1992, pp. 246–247.

年出版。[①] 此外，雅可博主编的《流行的格言》中收录的节译可能是《正理芭蕉树》最早的英文翻译；范德贡在其名著《胜论体系》的第三部分翻译了《正理芭蕉树》的大部分内容；迦哈于 1982 年出版了英文全译本；本多惠在参考了迦哈的全译本和范德贡的节译本的基础上，作了完整日译，于 1990 年出版。[②]

《正理芭蕉树》详细阐述了“句义”理论，明确考察了神的存在及其认识力、意志的永恒性等问题，对吠檀多派、弥曼差派、数论派、瑜伽派的学说也有提及和论破，对佛教的批判则多达十余处。值得一提的是，《正理芭蕉树》提到了佛教学者法上的名字，引用并批判了他的学说，对推定这位法称的弟子与注释者的年代非常重要。[③]

第三，是《光环》(*Kiraṇāvalī*)。*Kiraṇāvalī* 意译《光环》，又可译为《光之颈饰》，作者是日出（乌达雅纳）。《光环》的常用梵本校订本是范达塔提惹塔和捷特里先后出版的两种。[④] 立川武藏于 1975 年提交哈佛大学的博士论文亦包含有《光环》的英文全译，该论文经修改后于 1981 年出版。[⑤] 本多惠于 2009 年出版了日文

---

① Jitendra S. Jetly and Vasant G. Parikh, ed., *Nyāyakandalī*, Oriental Institute, 1991.

② George. A. Jacob, *A Handful of Popular Maxims*, Turkaram Javaji, 1900. Barend Faddegon, *The Vaiśeṣika System*, Johannes Müller, 1918. Gaṅgānātha Jhā, tr., *Padārthadharmasaṅgraha of Praśastapāda*, Chaukhambha Orientalia, 1982. 本多惠:『ヴァイシェーシカ哲学体系』, 国書刊行会, 1990。

③ 金倉圓照:『インドの自然哲学』, 平楽寺書店, 1971, 第 240—241 页。

④ Narendra Chandra Vedantatirtha, ed., *Kiraṇāvalī of Udayanācārya*, The Asiatic Society, 1956. Jitendra S. Jetly, ed., *Praśastapādabhāṣyam*, Oriental Institute, 1971.

⑤ Tachikawa Musashi, *The Structure of the World in Udayana's Realism*, D. Reidel Pub. Co., 1981.

全译本，即《光輝の連なり》。[①]

《光环》只注释了《摄句义法论》的部分内容，主要是“实句义”中的地、水、火，没有触及逻辑推理和认识论的问题，可以说是一部未完成的作品。但是，《光环》提出了“有句义”（bhāva）和“非有句义”（abhāva），某种程度上可以说是“七句义”理论的先驱。[②]

第四，是《魅》（*Līlāvatī*）。*Līlāvatī* 意译《魅》，可音译为《理拉维蒂》。这本《摄句义法论》的“古注”现已不存。

相传作者是约十世纪的室利伐次（Śrīvatsa），但曾被误认为等同于伐拉巴（Vallabha，又名 Śrīvallabha，约十一、十二世纪），后者著有《正理魅》（*Nyāyalīlāvatī*）。然而，《正理魅》并不是《摄句义法论》的注释文献，而是一部独立的著作，常被认为是古典胜论派的最后一部代表性著作，或亦可归入正理-胜论派。[③]

4.《七句义》（*Saptapadārthī*）

Saptapadārthī 意译《七句义》，净日（湿婆迪特亚）的这部论著延续了《胜论经》的传统来排列阐释句义理论，最大的特点是在“六句义”学说的基础上，增加了“无句义”而构成“七句义”。因此，作为胜论派第一部明确把“无”论述为一种独立句义的著作，具有重要的地位。

除了“无句义”外，《七句义》的特色理论主要还有：“同”分

---

① 本多惠：『光輝の連なり』，平楽寺書店，2009。

② 金倉圓照：『インドの自然哲学』，平楽寺書店，1971，第 45 页注 6。

③ Bimal Krishna Matilal, *Nyāya-Vaiśeṣika*, Otto Harrassowitz, 1977, pp. 68, 72—73.

三种，上（para）、下（apara）、上下（parāpara）；“时”分三种，生（utpatti）、住（sthiti）、灭（vināśa）；“方”分十一种，东、东南、南、西南、西、西北、北、东北、下、上、中；正确的现量有七种，即神的现量和六种感官的现量。[①]

现存不少《七句义》的写本和校订本，目前学界比较常用的是捷特里的校订本。[②]王森先生曾根据北京民族文化宫藏梵文写本译出《七句义论》。[③]

《七句义》虽然属于胜论派，但有明显同化合流正理派的痕迹，因而亦被很多学者认为是正理-胜论派形成的标志性论著之一。《七句义》之后的一些正理-胜论派文献虽然也可以看作胜论思想发展的延续，但与古典时期以《胜论经》为核心的胜论学说已有较大差别，故不再列入本书介绍。[④]

---

① Karl H. Potter, ed., *Encyclopedia of Indian Philosophies*, Motilal Banarsidass, 1977, pp. 643–645.

② Jitendra S. Jetly, ed., *Śivāditya's Saptapadārthī*, Institute of Indology, 2003.

③ 王森：“七句义论”，载《燕园论学集》，北京大学出版社，1984年，第487—500页。

④ 正理-胜论派文献可参见 Shashi Prabha Kumar, *Classical Vaiśeṣika in Indian Philosophy*, Routledge, 2013, pp. 4–5。

后记："印度哲学"的名义

最近几年，印度哲学常与其语言载体梵文一起被称为"绝学"——"绝"字之众妙多解，足供文人墨客相互调侃捧掐。未曾统计全国有多少高校开设着"印度哲学"或相关课程，数字应该会让人觉得这的确是一门濒临灭绝的学问了。自二十世纪末以来，基础人文研究及其学科在欧洲日益衰落，颓势蔓延至美国，更在日本因"少子化"等社会问题而遭政府强行介入，"无用之学"不得不让位于"经世致用"恐怕是二十一世纪的全球大势。没有理由希求太多的年轻人对这一早年外来的"高山流水之学"或者如今的"花拳绣腿之术"产生兴趣甚至投入研学，那样既违背历史规律也不符合社会现实——这股带有浓烈"社会科学"味儿的话总能在最无奈的时候蹦出来聊以慰藉!

2008 年秋，初到东京大学留学，在"印度哲学佛教学研究室"当外国人研究生。这一研究室自南条文雄、村上专精、高楠顺次郎等先生始设起，就是世界佛教研究的重镇。①

① 南条文雄（1849—1927）：净土真宗僧侣，1885 年在东京帝国大学（现东京大学，下同）开设梵文课，被视为日本近现代梵文教育的发端，1906 年当选帝国学士院（现日本学士院，下同）院士。村上专精（1851—1929）：净土真宗僧侣，东京帝国大学"印度哲学"教席的首任教授，亦是最早在日本国立大学教授佛教学的人，1918 年当选帝国学士院院士。高楠顺次郎（1866—1945）：净土真宗僧侣，1897 年在东京帝国大学创设"梵语学"讲席，担任首位教授，1912 年当选帝国学士院院士。

到校第一天，导师斋藤明先生带我认路。本乡校区的“法文二号馆”素有迷宫之称，哈佛大学的 Leonard van der Kuijp 教授就曾颇多微词：“每次来到东大，都让我想起尼泊尔的加德满都。堂堂亚洲第一学府，为何不修整一下文科大楼呢？这应该是日本最脏乱差的建筑了吧！”馆内天井连回廊让人分不清东南西北，或许正因为这种错综复杂的结构，才使其在 1923 年的“关东大地震”中屹立不倒——与之相邻的东京大学附属综合图书馆倒塌全毁，并导致承继自幕府时代的日汉藏书，以及南条文雄与高楠顺次郎在牛津大学留学时的老师马克斯·缪勒（Friedrich Max Müller, 1823—1900）捐赠设立的“马克斯·缪勒文库”等大量珍贵文献烧失殆尽。

在三楼的一个拐角处，挂着一块开裂了的小黑板，上面用白粉笔竖写着“印度哲学研究室”。没走错门吗？佛教学呢？我忍不住用手指摸了一下。斋藤先生笑道：“是粉笔，太用力了会擦掉的！”这才注意到最下面的“室”字已经被大大小小的手指印得模糊了。没人知道这块小黑板是不是木村泰贤或者宇井伯寿挂上去的，也无法考证会不会出自中村元或者平川彰的手笔。包括当时已是或耄耋或古稀之年的高崎直道与原实两位我的“老师的老师”在内，前辈师长们都说“我考进东大的时候好像就是这块门牌！”[①]

---

① 木村泰贤（1881—1930）：曹洞宗僧侣，师从高楠顺次郎，继村上专精后任东京帝国大学“印度哲学”讲席教授。宇井伯寿（1882—1963）：曹洞宗僧侣，与木村泰贤一起师从高楠顺次郎，1945 年当选帝国学士院院士。中村元 (1912—1999)：师从宇井伯寿、辻直四郎，1984 年当选日本学士院院士。平川彰（1915—2002）：师从宇井伯寿、辻直四郎，1993 年当选日本学士院院士。高崎直道（1926—2013）：曹洞宗僧侣，师从中村元等，以唯识与如来藏等思想研究著名。原实（1930—）：师从辻直四郎等，以梵文研究著名，2000 年当选日本学士院院士。

"印度哲学研究室"简称"印哲"，但绝大部分人都在这里研习佛教。几年后才知道，以"印度哲学"之名进行佛教研究之实乃日本国立大学的一种关乎政治的考量——由于政教分离和平衡各宗等诉求，直到20世纪90年代都不允许把单独一个宗教（如佛教、基督教）作为研究室的名称。这也在某种程度上使得日文汉字"印度哲学"的意涵发生了重要变化：不仅仅指国别意义上的印度的哲学，更重要的是包含了对日本影响深远的、经中国和朝鲜传入的印度的佛教哲学，且以佛学为"印度哲学"的重心。

在中国的语境里，"印度哲学"或曰"古印度六派哲学""印度正统六派哲学"，随着佛教的传入而为国人所知。早在6世纪中叶，真谛法师就把数论派的重要典籍《金七十论》译为汉文。约一百年后，玄奘大师翻译了胜论派的《胜宗十句义论》。这两部"外道"的经典论著都被收进了历代大藏经，颇受研习佛教者的重视。汉译佛教典籍中亦有不少涉及弥曼差派、正理派等古印度其他正统派哲学思想的内容，或是古师论理争辩之对象，或为大德说法叙事之背景。然而，大多译语不一、零乱难解，奘师的弟子基师及再传弟子慧沼之后就鲜有人问津了。随着佛教在中国的传承与发展，印度哲学因其内嵌于佛典与义学的不可或缺性，作为附带而来的"同乡"，虽然一直保有被研习的名义，却鲜见注疏或论著流传下来。直到近现代，在西方与日本之新式学术研究范式的影响下，时任北大校长的蔡元培先生将"印度哲学"请上了讲台，力邀著名哲学家梁漱溟先生于1917年始设课目，才又开启了实际研究这门古老学问的新风。

2006年我进入北京大学哲学系（宗教学系）学习时，提及

“印度哲学”主要是指除了佛教以外的婆罗门教正统六派哲学——数论派、瑜伽派、胜论派、正理派、弥曼差派、吠檀多派，亦可上溯至吠陀、奥义书等婆罗门思想的源头，旁含纳顺世论、耆那教等与佛教同属“非正统派”的学理体系。然而，并不是说被这种传统定义排除在外的印度的“佛教（哲学）”不属于“印度哲学”，而是意在强调源自印度的佛教之于中国等世界其他国家的巨大影响，足以使其发展成为另一门独立的学科——不再囿于国别和时代的界限、贯通多种语言文字与研究方法——“佛教学”。

国际佛教研究协会（International Association of Buddhist Studies, IABS）在章程中写道“佛教研究于1976年获得了作为独立的学术研究领域的地位”，这虽难免学人积极乐观的自勉，但综观近五十年来的国际人文学术趋势，佛教学在世界各大高校的快速发展，不仅融摄自身于哲学、宗教、历史、文学、心理学、艺术学、社会学等传统分类的学科，而且使欧美大学许多历史悠久的梵文、印度哲学专业逐渐成为其一附属的辅修分支。

在北大念书时，常听导师姚卫群先生感叹：“想学印度哲学的学生越来越少，近几年都报考佛教了。”姚先生给硕士、博士研究生上一年的“印度古代哲学原著选读”课程，除了佛教以外的正统、非正统流派的著作大多会选读一遍。学生往往只有个位数，在静园四院内的“小黑屋”（佛教道教教研室）上课，也不觉得拥挤。我们有时会在课间拿校史掌故说笑：“季羡林先生有一年的课上只有一位旁听生，梁漱溟、汤用彤、钢和泰等先生都在北大教过印度哲学……”揶揄的背后，也许暗藏着一股自嘲为“五四精神”的青春热情。现在想来，若没有当年的自娱自乐和莫名的使命感，谁也难耐“小黑屋”的阴暗与清冷，早已逃“印度哲学”而去了吧！

已故恩师王尧先生曾经常告诫：“学习佛教，就要多学点语言，梵文、藏文、巴利文、日文、德文都要学，还要好好学习印度古代丰富的婆罗门思想文化。”这是求学以来一直铭记于心的教诲！自11年前准备博士学位论文《〈中观心论〉及其古注〈思择焰〉研究》起，阅读佛教典籍的同时便不离开“外道”论著，总以“知彼才知己”的信念，通过阅读充满“奇思异想”的婆罗门教文本来丰富自己对佛教之历史与哲学的理解。最初翻译《胜论经》以及月喜的注疏（《月喜疏》）即是为了读懂《中观心论》与《思择焰》中涉及的胜论派的教义学说，知清辩所破才能悟道中观！

翻梵十年终付梓，愿继奘师译经志！小书短薄，但仍欲借译释之机，疏解与佛教平行发展了近千年的“同乡学派”，既行研究印度哲学之实，亦以其名义充实对佛学的知见。

最后，衷心感谢商务印书馆副总编辑陈小文先生、编辑颜廷真先生的鼎力相助，他们对年轻学者的信任与鼓励、对印度哲学与梵文研究的理解和支持，使我深受感动，学不绝于斯矣！

何欢欢

戊戌春·浙江大学寓所